DEUTSCHE AKADEMIE DER WISSENSCHAFTEN ZU BERLIN

Veröffentlichungen der Sternwarte in Sonneberg

Band 4
Heft 6

GEROLD RICHTER

Die veränderlichen Sterne der nördlichen Milchstraße Teil XII

Akademie-Verlag · Berlin 1961

DEUTSCHE AKADEMIE DER WISSENSCHAFTEN
ZU BERLIN

Sternwarte Sonneberg

VERÖFFENTLICHUNGEN
BAND IV

AKADEMIE-VERLAG GMBH · BERLIN 1956—1961

INHALT

Gerold Richter

Die veränderlichen Sterne der nördlichen Milchstraße Teil XII

Veröffentlichungen der Sternwarte in Sonneberg · Band 4 Heft 6

DEUTSCHE AKADEMIE DER WISSENSCHAFTEN ZU BERLIN

Veröffentlichungen der Sternwarte in Sonneberg

Band 4
Heft 6

GEROLD RICHTER

Die veränderlichen Sterne der nördlichen Milchstraße Teil XII

Akademie-Verlag · Berlin 1961

Erschienen im Akademie-Verlag GmbH, Berlin W 8, Leipziger Straße 3—4

Lizenz-Nr.: 202 · 100/493/61
Gesamtherstellung: VEB Druckerei „Thomas Müntzer" Bad Langensalza
Bestellnummer: 2006/IV/6
Preis: DM 14,—
Printed in Germany
ES 18 D 4

Einleitung

Die vorliegende Arbeit enthält als erstes die Bearbeitung der von van de VOORDE in „Die veränderlichen Sterne der nördlichen Milchstraße, Teil V" zurückgestellten Sterne des Feldes γ Sagittae. Obwohl zu dem ziemlich spärlichen Plattenmaterial (an Reihenaufnahmen existiert nur eine einzige Serie von 5 Platten in einer Nacht) nicht viel Neues hinzugekommen ist, konnten für die meisten Veränderlichen, zum Teil unter Zuhilfenahme visueller Beobachtungen, die Lichtwechselelemente abgeleitet werden.

Beim Feld ζ Hydrae handelt es sich um die Erstbearbeitung. Von der Bearbeitung wurden 5 Sterne ausgeschlossen, für die van SCHEWICK schon Elemente veröffentlicht hat (MVS 14; Erg. AN 11, Nr. 1).

Die angegebenen Helligkeiten sind, falls im Text nicht anders vermerkt, auf die blauempfindlichen Matterplatten bezogen.

Am 46 cm-Spiegel wurden für 13 Sterne des Feldes γ Sagittae insgesamt 3153 und für 3 Sterne des Feldes A Cassiopeiae insgesamt 698 visuelle Beobachtungen gewonnen.

Übersicht der bearbeiteten Felder

Bezeichnung	Galakt. Koordinaten[1]) l^I	b^I	Äquinoktium 1925 α	δ	Anzahl der Platten	Zeitabschnitt	Anzahl der Sterne	davon unerledigt	Bearbeiter
γ Sge (Erg.)	26°	— 5°	298°.9	+19°.3	163[2])	27543—31318 / 33095—36457 [3])	75	8	G. RICHTER
ζ Hya	190	+32	132.8	+ 6.2	141[4])	25245—30374 / 33630—35868	18	0	G. RICHTER
A Cas (Erg.)	96	+11	28.9	+70.5	180[5])	25247—36229	3	0	G. RICHTER

Verteilung der Veränderlichen auf die Haupttypen
(unter Auslassung der Sterne mit Kennzeichnung „Unbekannt" und „Unveränderlich")

Feld	Bedeckungsveränderliche n	%	Kurzperiodische (δ, RR) n	%	Langperiodische n	%	Halbregelmäßige mittl. Per. n	%	Unregelmäßige n	%	U Gem-Sterne n	%	RW Aur-Sterne n	%	Summe
γ Sge (Erg.)	30	(42)	12	(17)	8	(11)	7	(10)	12	(17)	0	(0)	2	(3)	71
ζ Hya	5	(29)	5	(29)	0	(0)	3	(18)	3	(18)	1	(6)	0	(0)	17

[1]) Der Einheitlichkeit halber im bisherigen, von der IAU noch nicht revidierten System.

[2]) Außerdem lagen für einen Teil der Sterne Platten vom 400 mm-Astrographen und 170 mm-Triplet der angrenzenden Felder γ Aql und β Del vor, ferner eine große Anzahl von Platten angrenzender Felder vom 140 mm-Triplet und 140/700 mm-Tessar und für helle Sterne zahlreiche Aufnahmen der Himmelsüberwachung.

[3]) Platten angrenzender Felder überdecken z. T. andere Zeiträume.

[4]) Für helle Sterne wurden zusätzlich Aufnahmen der Himmelsüberwachung verwendet.

[5]) Für 5.1936 Cas konnten zusätzlich 127 Aufnahmen vom 140 mm-Triplet vom Nachbarfeld verwendet werden.

Feld γ Sagittae

Ergänzung

G. Richter

Nr.	Name	α 1855.0	δ 1855.0	Art	Phase	Epoche 24 . . .	Periode	Max.	Min.
3337	353.1936 Sge	$19^h34^m11^s$	$+18^\circ57'.0$	δ	Max.	36724.37	$4^d.43727$	$14^m.4$	$15^m.6$
3338	121.1940 Aql	19 34 54	+15 21.4	U	—	—	—	12.9	14.7
3339	122.1940 Vul	19 35 23	+21 25.7	U	—	—	30—70	13.4	14.7
3340	355.1936 Vul	19 35 23	+20 9.9	Unv ?	—	—	—	13.3	—
3341	356.1936 Vul	19 35 53	+20 8.4	mP	Max.	27681.5 28852.5	106.5 113.1	14.3	15.7
3342	357.1936 Vul	19 36 12	+19 49.3	A	—	—	—	14.9	15.6:
3343	359.1936 Sge	19 37 19	+17 55.4	RRb	Max.	27985.464	0.4883395	13.7	14.8
3344	124.1940 Sge	19 39 55	+18 16.3	A	Min.	29541.305	0.844707	15.0	15.8
3345	368.1936 Sge	19 40 58	+18 33.3	A	Min.	27628.558	3.868467	15.2	16.1
3346	369.1936 Sge	19 41 3	+16 33.2	RRb	Max.	27612.509	0.4695844	14.0	15.7
3347	376.1936 Vul	19 43 3	+20 17.5	A	Min.	27546.551	1.01482	14.1	14.5
3348	378.1936 Vul	19 44 16	+21 49.8	β	Min.	36757.514	0.8830478	12.9	13.5
3349	380.1936 Aql	19 44 28	+14 57.6	A	Min.	27713.307	2.193750	13.3	14.3
3350	382.1936 Aql	19 44 42	+14 57.3	A	Min.	27713.314	5.28303	13.6	14.7
3351	127.1940 Sge	19 45 8	+17 51.5	U	—	—	—	14.7	15.5
3352	HV 5480 Aql	19 45 22	+15 13.1	U	—	—	—	14.8	15.7
3353	DP Vul	19 45 54	+19 17.3	A	Min.	27546.563	6.01793	14.5	15.4
3354	389.1936 Aql	19 48 19	+15 9.8	RWs ?	—	—	—	14.3	15.1
3355	SZ Sge	19 48 33	+18 57.7	RRb	Max.	31318.453	0.472334	14.6	15.8
3356	390.1936 Vul	19 48 54	+20 23.7	RRa	Max.	27579.543	0.337133	14.3	15.5
3357	391.1936 Sge	19 49 30	+17 56.6	A	—	—	—	15.2	15.9

Fortsetzung Feld γ Sagittae

Nr.	Name	α 1855.0	δ 1855.0	Art	Phase	Epoche 24...	Periode	Max.	Min.
3358	129.1940 Sge	$19^h50^m13^s$	+16° 4'.1	U	—	—	—	14^m8	16^m0
3359	393.1936 Sge	19 50 19	+19 24.5	Unb	—	—	—	14.6	[15.2[1])
3360	400.1936 Sge	19 51 47	+20 43.9	RRa	Max.	28404.385	$0^d592243$	14.0	15.2
3361	404.1936 Sge	19 53 25	+20 58.2	A ?	—	—	—	14.5	15.1
3362	713.1933 Aql	19 53 37	+15 10.6	A	Min.	27635.457	0.880981	13.5	14.5
3363	406.1936 Sge	19 53 47	+19 25.3	A ?	—	—	—	14.7	16.1
3364	409.1936 Vul	19 55 59	+22 14.1	U	—	—	—	13.8	14.1
3365	417.1936 Sge	19 59 1	+16 17.1	RRb	Max.	27710.308	0.4184272	13.2	14.2
3366	163.1905 Vul	19 59 43	+21 25.4	mP	Max.	—	73.94—75.44	13.7	15.9
3367	387.1934 Aql	20 0 1	+14 34.8	RRa	Max.	27612.528	0.4440723	13.2	14.5
3368	136.1940 Aql	20 2 10	+15 34.5	A	Min.	28369.445	1.22524	13.9	15.0
3369	429.1936 Sge	20 4 5	+17 28.1	Unv	—	—	—	14.1	—
3370	137.1940 Sge	20 4 20	+17 29.7	mP	Max.	27677	81.2	14.5	15.5
3371	431.1936 Sge	20 4 41	+17 55.5	U	—	—	—	15.0	15.4
3372	434.1936 Sge	20 5 21	+20 49.0	A	Min.	27950.534	2.653854	12.5	13.0
3373	139.1940 Aql	20 6 22	+15 10.0	U	—	—	—	13.8	14.9
3374	436.1936 Sge	20 6 25	+17 33.0	A	Min.	27543.652	4.45601	13.4	14.3
3375	437.1936 Sge	20 6 40	+17 4.6	RRa	Max.	28333.441	0.5047545	13.2	14.3
3376	140.1940 Sge	20 6 51	+18 2.2	A	Min.	29071.474	2.09290	13.9	15.9:
3377	142.1940 Sge	20 8 2	+18 15.5	U	—	—	—	13.9	14.4:[1])
3378	440.1936 Sge	20 8 18	+19 10.4	A	Min.	27543.555	0.6420055:	14.5	14.9
3379	143.1940 Sge	20 8 7	+18 0.6	H	Max.	—	67.8—84.4	13.3	14.4
3380	VY Vul	19 42 3	+20 2.6	β	Min.	28020.452	0.8843484	14.2	15.1

[1]) Kranz-Ultra-Platten. Auf Matterplatten nahezu konstant.

Feld γ Sagittae

Zusätzliche Sterne aus Platten des Astrographen 400/1600 mm

G. Richter

Nr.	Name	α 1855.0	δ 1855.0	Art	Phase	Epoche 24...	Periode	Max.	Min.
3381	354.1943 Vul	$19^h 39^m.5$	$+22°31'$	L	Max.	29141	$212^d.4$	$15^m.2$	$[17^m.1$
3382	356.1943 Sge	19 40.0	+16 42	BV	Min.	29777.450	2.65094(?)	15.8	16.8
3383	358.1943 Vul	$19\ 45\ 16^s$	+23 30.9	β	Min.	28750.459	2.822084	11.8	12.2
3384	359.1943 Aql	19 47.1	+14 45	A	Min.	30200.547	5.22580	15.3	16.7:
3385	361.1943 Sge	19 49.3	+16 0	A	Min.	29765.549	1.363415	15.2	16.3:
3386	26.1928 Sge	19 49 29	+19 9.7	RWs	—	—	—	13.7	15.0
3387	11.1928 Sge	19 52 41	+19 4.5	W	Min.	36724.419	0.3882480	14.0	14.8
3388	364.1943 Sge	19 54.4	+15 56	Unv?	—	—	—	13.8	—
3389	365.1943 Sge	19 55.0	+20 31	L	Max.	29194	346	15.2	[16.8
3390	366.1943 Vul	19 56.1	+21 39	RRb	Max.	27628.505	0.3572594	13.8	15.0
3391	DE Sge	20 0.8	+20 25	A	Min.	28717.445	2.872067	11.9	13.6
3392	370.1943 Aql	20 1.3	+14 51	H	Max. } Min. }	—	42.68 } 42.24 }	12.3	13.4
3393	371.1943 Aql	20 2.0	+14 30	β(?)	Min.	36757.605	1.111392	13.0	13.4
3394	372.1943 Sge	20 2.4	+17 6	RRa	Max.	27950.534	0.5654824	14.5	15.4
3395	375.1943 Vul	20 4.7	+22 36	L(?)	Max.	29548	281.9(?)	]15.0	[16.6
3396	377.1943 Sge	20 5.5	+19 54	Ns	—	—	—	10.3	13.7
3397	379.1943 Vul	20 6.0	+21 39	L	Max.	27626	124.0	14.4	16.5:
3398	380.1943 Sge	20 7.5	+18 20	U	—	—	—	13.4	14.7
3399	CX Sge	20 8.0	+19 50	L	Max.	28444	341.0	14.0	[17.1
3400	384.1943 Sge	20 11.9	+19 27	H	Max.	29842	148:	13.9	14.6
3401	CY Sge	20 12.0	+18 41	L	Max.	29787	262	14.7	[16.6
3402	CZ Sge	20 12.8	+17 57	A	Min.	30963.436	2.348202	14.8	16.2
3403	S 5411 Vul	19 35 46	+20 14.2	β	Min.	36763.375	2.417744	13.0	13.4
3404	S 5409 Vul	19 45 52	+19 18.9	U	—	—	—	14.5	15.1
3405	S 5410 Vul	19 45 54	+19 17.9	RR	Max.	31296.417	0.09?	15.1	15.4
3406	S 5412 Vul	19 56 9	+22 20.6	W	Min.	36759.482	0.3320669	13.9	14.2
3407	S 5340 Sge	19 59 0	+16 16.0	L	Max.	27929	203.0	13.9	15.0
1690	V 657 Aql	19 35 48	+15 25	L	Max.	28397	368.8	14.6	16.3
1713	V 678 Aql	19 40 24	+15 5	H	Max.	29723	120.6—142.0	14.6	16.1
1871	V 755 Aql	19 53.4	+14 17	A	Min.	29195.308	1.015963	14.8	15.8
1879	CP Sge	20 7.6	+18 12	A	Min.	27592.451	3.501655	13.2	14.3

Feld ζ Hydrae

G. Richter

Nr.	Name	α 1855.0	δ 1855.0	Art	Phase	Epoche 24 . . .	Periode	Max.	Min.
3408	110.1936 Hya	$8^h 33^m 3$	+3° 8′	RRb	Max.	26032.409	$0^d 505930$	$12^m 05$	$13^m 7$
3409	CR Hya	8 33.7	+3 1	RRb	Max.	30372.500	0.469415	13.4	15.0
3410	UW Hya	8 34 30	+3 9.2	A	Min.	30077.344	3.166316/n	13.3	13.95
3411	P 3215 Hya	8 35 43	+6 29.0	Unv	—	—	—	10.7	—
3412	340.1934 Hya	8 36 6	+6 22.4	A	Min.	25248.785	12.18528	11.0	11.7
3413	CS Hya	8 37 3	+4 57.0	H	Max.	26025	174.5	12.7	13.9:
3414	EY Hya	8 38 51	+2 9.4	H	Max.	32707	160.5—182.7	9.6	11.5
3415	112.1936 Hya	8 40.7	+2 38	A	Min.	25646.517	2.2495444	13.2	13.8
3416	UW Cnc	8 43.2	+8 9	U	—	—	—	12.9	13.9
3417	CT Hya	8 43.5	+3 40	UG	Max.	25663	151.7	14.1	20:
3418	CV Hya	8 46 57	+6 49.7	U	—	—	—	11.5	13.3
3419	116.1936 Hya	8 47.2	+6 57	RRb	Max.	25649.507	0.636437	11.6	12.2
3420	CW Hya	8 47.5	+4 11	RRa	Max.	30374.570	0.4820734±	14.1	15.3
3421	300.1928 Cnc	8 51 28	+9 42.0	A	Min.	25647.539	1.91322	13.35	14.6
3422	UY Hya	8 52 55	+3 8.9	W?	Min.	25984.597	0.727500	13.3	13.8
3423	UX Cnc	8 55.7	+8 9	U	—	—	—	12.1	12.6
3424	CX Hya	8 58.7	+2 15	H	Max.	25950	188	13.1	14.3
3425	120.1936 Cnc	8 59.1	+9 11	RRb	Max.	25981.629	0.532955	13.3	14.9

Feld A Cassiopeiae

Nachbearbeitung von 3 Sternen

G. Richter

Nr.	Name	α 1855.0	δ 1855.0	Art	Phase	Epoche 24 . . .	Periode	Max.	Min.
127	AL Cas	$2^h 1^m 45^s$	+69° 27′.9	W	Min.	25303.561	$0^d 5005562$	$12^m 9$	$13^m 6$
128	AM Cas	2 13 33	+70 38.3	δs	—	—	7.3—11.4	12.3	15.2
136	5.1936 Cas	1 49 16	+68 24.8	β	Min.	29640.390	4.54094 4.54064	13.75	14.6

Feld γ Sagittae

Fortsetzung der Bearbeitung in Teil V

G. RICHTER

3337. 353.1936 Sge δ Cephei-Stern; 14^m4—15^m6 phot.

$$M = 2436724.37 + 4.43727 \cdot E$$

$$M - m = 1^d4$$

Photographische Beobachtungen

Max.	Gr.	*E*	*B—R*	Anm.
2427543.56	14^m0	—2069	—0.10	1
8404.38	13.9:	1875	—0.11	1
8746.42	14.1	1798	+0.26	1
9025.54	13.9	1735	—0.17	1
9163.33	14.0	1704	+0.07	1
9429.52	14.5 :	1644	+0.02	2
2430308.27	14.1	1446	+0.19	1
0445.62	13.9	1415	—0.01	1
0614.35	14.0	1377	+0.10	1
0960.40	14.3	1299	+0.04	2
1000.32	14.1	1290	+0.03	1
1253.44	13.9:	1233	+0.22	1
1297.42	14.5:	1223	—0.17	2
3152.40	14.4:	805	+0.03	2
3445.48	14.4	— 739	+0.25	2

Anm.: 1 = schwach orthochromatisches, 2 = blauempfindliches Material

Visuelle Reihenbeobachtungen

Max.		*E*	*B—R*
2436715.74 ±	0.20	— 2	+0.24
6724.36	10	0	—0.01
6733.33	10	+ 2	+0.09
6755.50	10	+ 7	+0.07

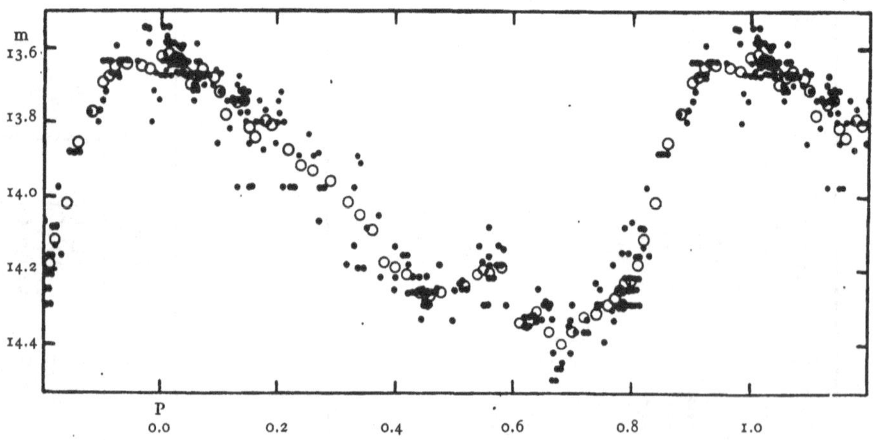

353.1936 Sagittae (vis. Beob.)

Max.		E	B—R
2436759.68	±0.10	+ 8	—0.19
6791.00	30	15	+0.07
6795.44	10	16	+0.07
6821.80	10	22	—0.19
6848.51	10	+28	—0.10

Außer den photographischen (auch 140 mm-Triplet) liegen noch 249 visuelle Reihenbeobachtungen vor.

Der Veränderliche ist auf schwach orthochromatischen Platten 0^m3 und visuell etwa 0^m6 heller als auf Blauplatten. Die visuelle Amplitude beträgt nur ca. 0^m8.

3338. **121.1940 Aql** μ Cephei-Stern; 12^m9—14^m7

Durch Mitverwendung von Platten angrenzender Felder konnte der Veränderliche über einen großen Zeitraum verfolgt werden: 2424267 bis 2426946 und 2427543 bis 2431370. Spätere Zeiträume sind nur lückenhaft durch Beobachtungen gedeckt. Der Lichtwechsel ist völlig regellos mit unperiodischen Wellen. Sehr langsame Änderungen der mittleren Helligkeit (sie schwankt zwischen 13^m1 und 14^m4 in ca. 400 bis 700 Tagen) werden durch rascheren Lichtwechsel überlagert. Dabei kommen Änderungen der Helligkeit bis zu 0^m7 in 19 Tagen und $\approx 0^m5$ an einem Tag vor. Stillstände kommen in folgenden Zeitabschnitten vor: 2429071 bis 2429166, 2430260 bis 2430545 (?) und 2433444 bis 2433539. Der Veränderliche ist etwas röter als seine Vergleichsterne. Auf Kranz-Ultra-Platten ist er um ca. 0^m1 bis 0^m2 heller als auf Matterplatten, auf der Rotaufnahme des Mt. Palomar-Atlasses, Blatt 190, ist er ca. 2^m heller als auf der Blauaufnahme.

3339. **122.1940 Vul** Unregelmäßig; 13^m4—14^m7 (40 cm-Astrograph)
$P = 30^d$ bis 70^d

Der ohne jeden Stillstand und nicht ganz unregelmäßig verlaufende Lichtwechsel erinnert etwas an den S Vulpeculae-Typus, doch läßt sich keine für einen größeren Zeitraum gültige Periode ableiten. Die Amplitude der einzelnen Wellen beträgt 0^m4 bis 1^m3 und ihre Länge 30^d bis 70^d, meistens 45^d bis 60^d. Wellen kleiner Amplitude folgen oft (aber nicht immer) etwas rascher aufeinander als solche großer Amplitude. Zyklen von Wellen großer und von Wellen kleiner Amplitude lösen sich zeitweise spontan, zeitweise allmählich ab. Eine Färbung des Veränderlichen gegenüber den Vergleichsternen ist nicht sicher nachzuweisen. Auf den Platten des 170 mm- und 140 mm-Triplets ist der Veränderliche um etwa 0^m2 schwächer als auf denen des Vierlinsers, was aber möglicherweise nicht auf Emulsionsunterschiede, sondern auf die Eigenarten der Objektive in Verbindung mit der starken Randnähe zurückzuführen ist. Nach den Aufnahmen des Mt. Palomar Sky Atlas zu urteilen ist der Stern sehr blau.

Max.	Gr.[1])	Max.	Gr.[1])
2427554	$14^{\mathrm{m}}1$	2429863	$14^{\mathrm{m}}0$
7595:	13.9:	9959	13.6:
7699	13.9	2430148	13.8
8041	13.9	0494:	14.0:
8327	13.8	0530	13.9
8388	13.6	0592	14.0
8440:	13.6:	0813:	13.7:
8706	13.9	0858:	13.6:
8744	13.5	0919	13.4
8789:	13.5:	0970	13.4
9099	13.9	1285:	13.8:
9144	13.9	1355	13.7
9203:	?	3166:	13.9:
9378:	13.4:	3488	13.4:
9529:	13.4:	5985:	13.7:
9779	14.1	6015:	13.7
9805	14.2	6448	13.7

[1]) im System des 400 mm-Astrographen

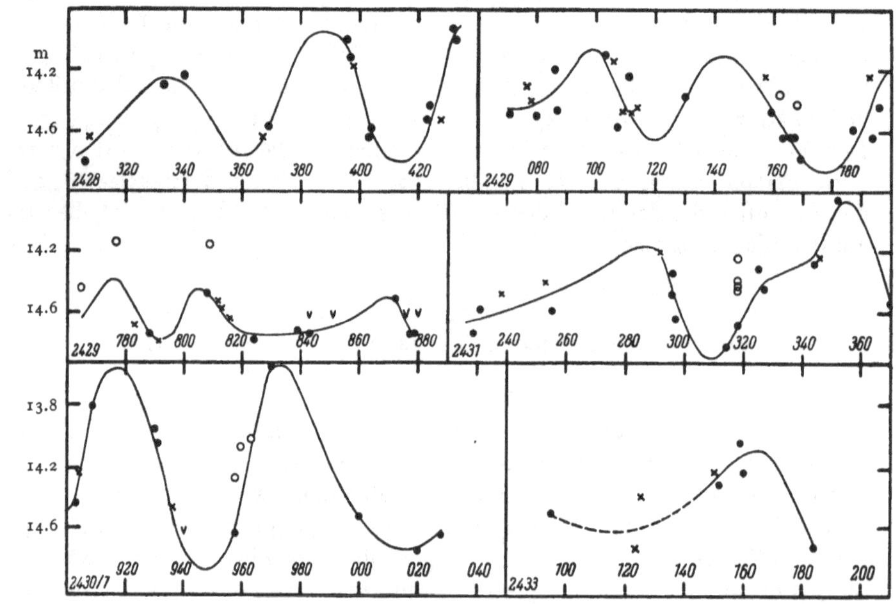

122.1940 Vulpeculae
Unsichere Schätzungen sind durch Kreuze, Schätzungen auf Platten des 400 mm-Astrographen durch Ringe gekennzeichnet (sie liegen in der Lichtkurve systematisch um etwa $0^{\mathrm{m}}2$ höher)

3340. 355.1936 Vul Unveränderlich(?); $13^{\mathrm{m}}3$

Der Stern wurde zweimal durchgeschätzt mit Hilfe zweier verschiedener unabhängiger Vergleichsternsysteme. Die mittlere Helligkeit beträgt auf

23 Platten des 40 cm-Astrographen 13^m28, die Extremwerte sind 13^m14 und 13^m36.

Auf 105 Kranz-Ultra-Platten (170 mm-Triplet) sind bei einer mittleren Helligkeit von 13^m18 die 4 Extremwerte 13^m01, 13^m02 und 13^m32, 13^m32. Auf dem Entdeckungspaar betragen die Helligkeiten 13^m02 und 13^m31. Auf den Platten des 140 mm-Triplets zeigt der Stern ebenfalls keine merklichen Veränderungen. Die Amplitude ist, sofern überhaupt ein Lichtwechsel existiert, auf alle Fälle kleiner als 0^m1. Die Rotaufnahme des Mt. Palomar Atlas zeigt den Stern um reichlich 1^m heller als die Blauaufnahme.

3341. **356.1936 Vul** S Vulpeculae-Stern (?); 14^m3—15^m7

$$\text{I } M = 2427681.0 + 106.5 \cdot E \qquad (-1 \leqq E \leqq +11)$$
$$\text{II } M = 2428852.5 + 113.1 \cdot (E-11) \quad (11 \leqq E \leqq 75)$$

Max.	Gr.	E	$B-R$
2427569:	14^m5:	− 1	− 5
7682	14.4:	0	+ 1
8005:	14.4	+ 3	+ 5
8316:	14.5:	6	− 4
9070:	14.6:	13	− 9
9424	14.6:	16	+ 6
2430443	14.5:	25	+ 7
1344	14.6	33	+ 3
3159	14.4	49	+ 9
6073	14.3	+75	−18

Infolge Lichtschwäche war der Stern schwierig zu beobachten. Er ist wahrscheinlich vom S Vulpeculae-Typus. Zwischen den Maxima 2428316 und 2429070 sind die Beobachtungen sehr lückenhaft. Möglicherweise ist hier der Lichtwechsel etwas gestört, und es ist fraglich, ob dieser Zeitraum, wie oben angenommen, durch 7 Epochenzahlen getrennt wird. Die Maxima sind sehr spitz. Die Tiefe der Minima schwankt zwischen 15^m0 und 15^m7. Der Palomar Sky Atlas zeigt den Stern im roten Spektralbereich um etwa 2^m5 heller als im blauen.

3342. **357.1936 Vul** Algol-Stern; 14^m9—15^m6: (GA)
15^m1—[16^m4 (A)

GA = 400 mm-Astrograph (Matter-Platten)
A = 170 mm-Triplet (Kranz-Ultra-Platten)

Folgende Schwächungen wurden festgestellt:

Min.	Gr.	
2427713.314	[16^m4	A
2430412.646	15.7:	GA
0958.382	15.3	GA
0963.436	15.3	GA
1318.548	15.4	GA
6073.444	15.7:	A

Diese Minima lassen sich weder durch eine Periode von 5^d noch von $2\overset{d}{.}5$ darstellen, und die Periode $1\overset{d}{.}659085$ bleibt in Widerspruch mit hellen Beobachtungen. Eine noch kürzere Periode ist wegen der Seltenheit der Minima unwahrscheinlich.

3343. 359.1936 Sge RR Lyrae-Stern; $13\overset{m}{.}7$—$14\overset{m}{.}8$

$M = 2427985.464 + 0.4883395 \cdot E$

$M - m = 0\overset{d}{.}11$ Typus: RRb

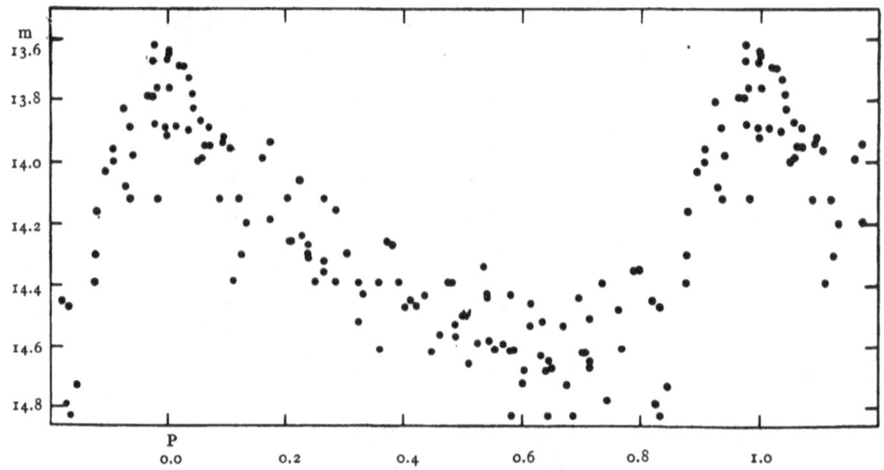

359.1936 Sagittae; 170 mm- und 140 mm-Triplet
(Kranz Ultra und Agfa Astro Spezial)

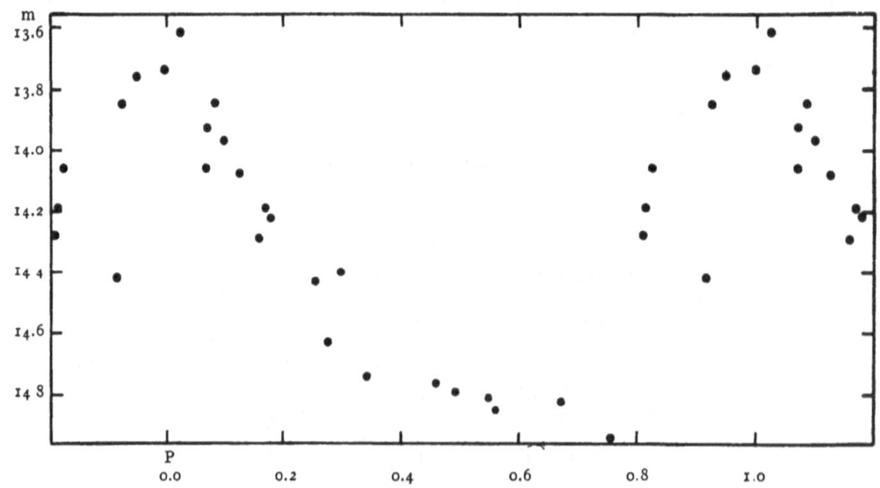

359.1936 Sagittae (Matter)

Max.	Gr.	E	$B-R$
2427985.452	$13^m.7$:	0	—0.012
8340.474	13.8:	727	—0.013
9453.430	13.7:	3006	+0.017
9496.400	13.7:	3094	+0.014
9851.410	13.8:	3821	+0.001
9872.407	13.7:	3864	—0.001
2430583.419	13.6	5320	—0.011
0604.419	13.8	5363	—0.010
0936.509	13.7:	6043	+0.009
0960.403	13.8	6092	—0.025
1296.417	13.6	6780	+0.011
1318.380	13.7	6825	—0.001
2117.287	13.8	8461	—0.018
3095.469	13.8	10464	+0.020
3515.421	13.7:	11324	+0.001
6426.418	13.8	17285	+0.006

3344. 124.1940 Sge Algol-Stern; $15^m.0$—$15^m.8$

$m = 2429541.305 + 0.844707 \cdot E$

$A_1 = 0^m.8 \quad A_2 = 0^m.0 \quad D = 0^P.08: \quad d = 0^P.00:$

Min.	Gr.	E	$B-R$
2427543.564	$15^m.4$:	—2365	—0.009
8779.379	15.6:	— 902	0.000
9541.313	15.9:	0	+0.008
9872.407	15.6:	+ 392	—0.023
0442.615	[15.3	1067	+0.008
0530.469	15.8	1171	+0.012
0960.403	15.3	1680	—0.010
3478.482	[15.6	+4661	—0.002

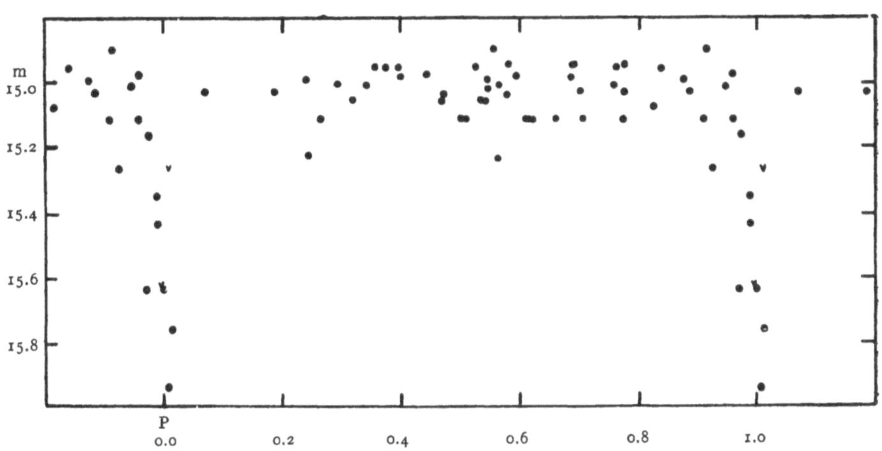

124.1940 Sagittae

Infolge ungünstig verteilter Einzelbeobachtungen und unsicherer Minimumhelligkeiten ist eine genaue Bestimmung der Größe D nicht möglich.

3345. 368.1936 Sge Algol-Stern; $15^m_.2—16^m_.1$

$m = 2427628.558 + 3.868467 \cdot E$

$A_1 = 0^m_.9 \quad A_2 = 0^m_.0 \quad D = 0^p_.10: \quad d = 0^p_.05:$

Min.	Gr.	E	$B—R$
2427628.505	$16^m_.2$:	0	—0.053
8046.364	16.0:	108	+0.012
9071.472	[15.8	373	—0.024
9102.536	16.1	381	+0.092
9516.357	15.7:	488	—0.013
2433160.431	[15.8	1430	—0.035
6073.444	15.8:	2183	+0.023

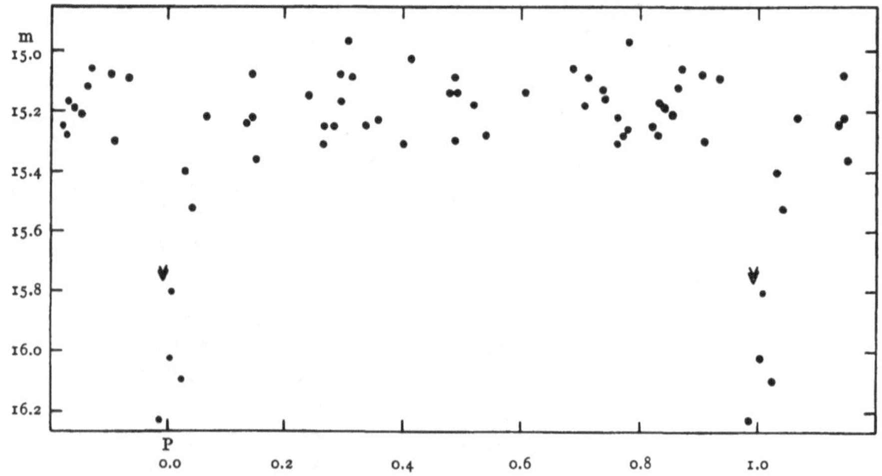

368.1936 Sagittae

3346. 369.1936 Sge RR Lyrae-Stern; $14^m_.0—15^m_.7$

$M = 2427612.509 + 0.4695844 \cdot E$

$M - m = 0^d_.09$ Typus: RRb

Steile Kurvenform: $A = 1^m_.6$

Flache Kurvenform: $A = 1^m_.2$

Steile Kurvenform

Max.	Gr.	E	$B—R$
2427612.513	$13^m_.9$	0	+0.004
9102.536	14.3	3173	+0.036
9111.421	14.4:	3192	—0.001
9167.324	14.3:	3311	+0.021
9631.227	14.1:	4299	—0.025
9765.549	13.9	4585	—0.004
9876.378	14.0	4821	+0.003

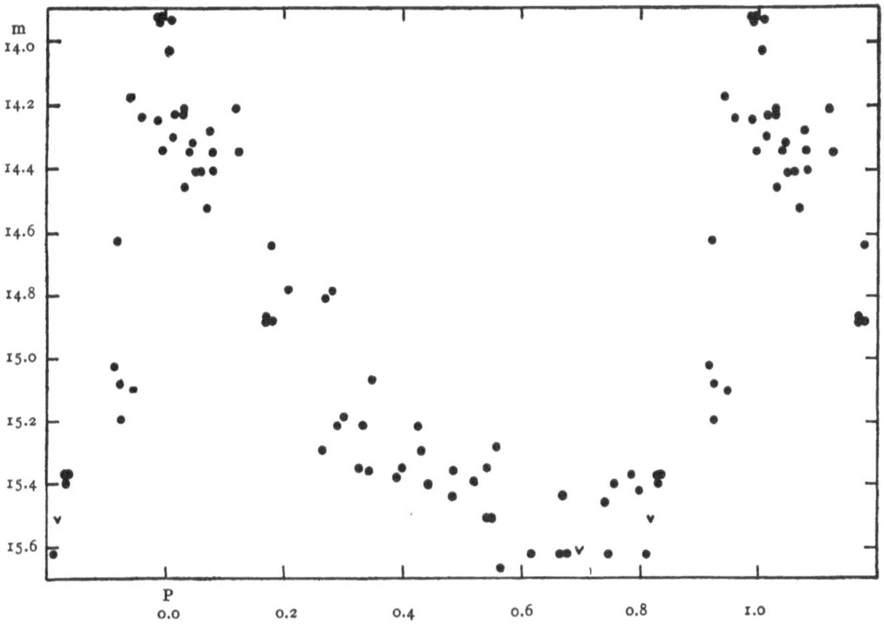

369.1936 Sagittae (steile Kurvenform)
2427543—8046, 2429054—9193, 2429631—2431318

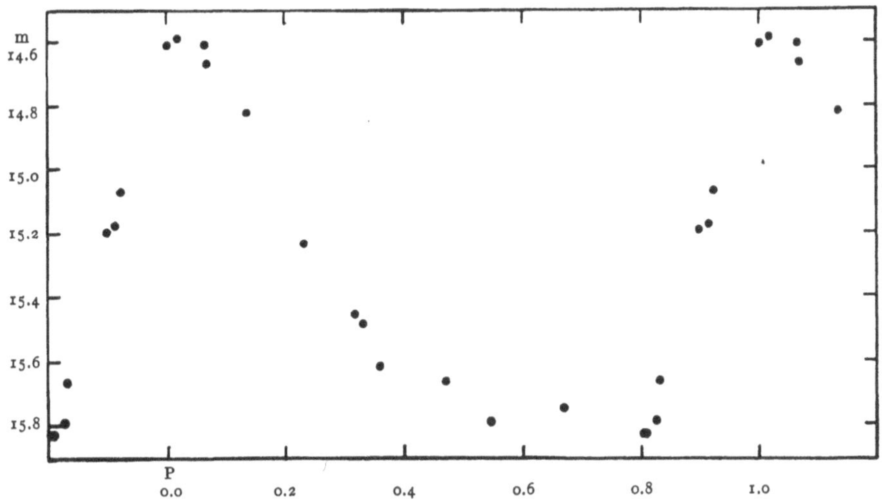

369.1936 Sagittae (flache Kurvenform)
2428340—8779, 2429374—9541, 2435695—6073

Max.	Gr.	E	$B—R$
2430199.444	$14^{m}.3$:	5509	—0.005
0515.460	14.3	6182	—0.020
0909.468	14.2:	7021	+0.007
0940.429	14.2:	7087	—0.025

Max.	Gr.	E	$B—R$
2430963.436	$14^{m}.2$	7136	—0.027
1028.279	14.2	7274	+0.013
1296.454	14.2	7845	+0.055
1318.464	13.9	7892	—0.005
1327.409	14.3:	7911	+0.018
6343.506	14.2:	18593	+0.014
6452.453	14.3:	18825	+0.018

Flache Kurvenform

Max.	Gr.	E	$B—R$
2428432.404	$14^{m}.6$	1746	+0.001
8717.450	14.6:	2353	+0.009
9514.357	14.6:	4050	+0.031

3347. 376.1936 Vul Algol-Stern; $14^{m}.1—14^{m}.5$[1])
$14^{m}.1—14^{m}.8$[2])

$m = 2427546.551 + 1.01482 \cdot E$

$A_1 = 0^{m}.4$[1]) $A_1 = 0^{m}.7$[2]) $A_2 = 0^{m}.0$ $D = 0^{P}.21$ $d = 0^{P}.00$

[1]) 40 cm-Astrograph, Matter [2]) 17 cm-Triplet, Kranz Ultra

Min.	Gr.	E	$B—R$	
2427546.563	$14^{m}.7$	0	+0.012	KU
7612.513	15.0	65	—0.001	KU
8423.343	14.7:	864	—0.012	KU
9050.505	14.8:	1482	—0.009	KU
9111.412	14.7:	1542	+0.009	KU
9114.452	14.8	1545	+0.004	KU
9453.430	14.6:	1879	+0.032	KU
9456.462	14.7:	1882	+0.020	KU
9462.516	14.6	1888	—0.015	KU
2430147.492	14.9	2563	—0.043	KU
0614.356	14.9	3023	+0.004	KU
0958.378	14.8:	3362	+0.002	KU
0958.382	14.4	3362	+0.006	M
0960.403	14.3	3364	—0.002	M
0963.436	14.5	3367	—0.014	M
1019.252	14.8:	3422	—0.013	KU
1238.494	15.2:	3638	+0.028	KU
2117.287	14.6	4504	—0.013	KU
3150.389	14.9:	5522	+0.002	AA
3152.397	14.6:	5524	—0.020	AA

Plattensorten: KU = Kranz Ultra, M = Matter, AA = Agfa Astro
Für die Ableitung der Elemente wurden die Platten des 140 mm-Triplets mitverwendet. Die Beobachtungen werden befriedigend dargestellt durch eine Scheinperiode von 68.34 Tagen, doch deutet dann ein jahreszeitlicher Gang

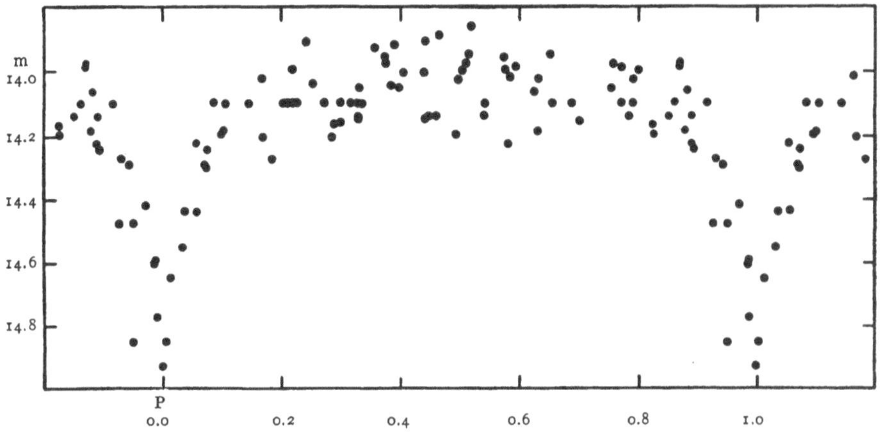

376.1936 Vulpeculae; 170 mm-Triplet (Kranz Ultra und Kranz I)

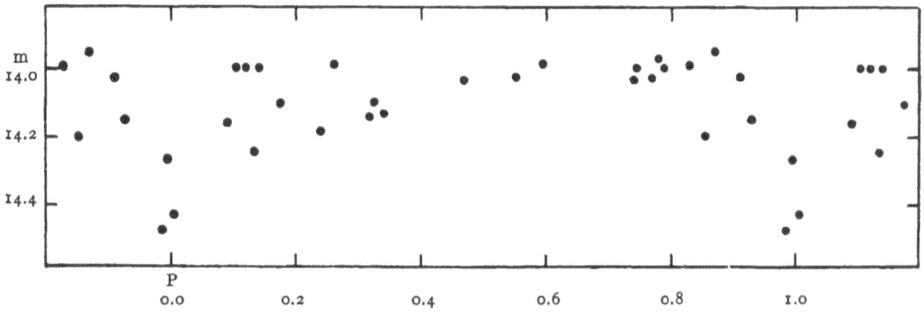

376.1936 Vulpeculae; 400 mm-Astrograph (Matter)

der Breite des Minimums und der (B—R)-Werte darauf hin, daß diese nicht reell ist. Die oben angegebenen Elemente sind wahrscheinlicher. Die große Breite des Minimums und die in der Lichtkurve angedeutete Elliptizität lassen es für möglich erscheinen, daß die Periode verdoppelt werden muß.

3348. **378.1936 Vul** β Lyrae-Stern; 12^m9--13^m5 phot.

$m_1 = 2436757.514 + 0.8830478 \cdot E$

$A_1 = 0^m6 \quad A_2 = 0^m4$ (phot.)

Es liegen 300 visuelle Reihenbeobachtungen vor. Die visuelle Amplitude ist größer als die photographische:

$$A_1 = 0^m9 \; A_2 = 0^m5$$

Photographische Beobachtungen

Min.	Gr.	E	B—R
2427713.314	13^m3	—10242	—0.024
8045.367	13.4	9866	+0.003
8308.510	13.5	9568	—0.003
8369.438	13.5	— 9499	—0.005
8419.337	13.4:	— 9442.5	+0.002
8423.343	13.3	9438	+0.034

Min.	Gr.	E	B—R
2429025.542	13$^m_.$7	— 8756	—0.005
9071.472	13.5	8704	+0.006
9109.429	13.5	8661	—0.008
9765.549	13.3	7918	+0.007
2430619.450	13.4:	6951	+0.001
0990.365	13.3:	6531	+0.036
1020.329	13.5:	6497	—0.023
1028.279	13.4	6488	—0.021
1314.408	13.4	6164	+0.001
1314.422	[13.3	6164	+0.015
5700.501	13.6:	1197	—0.005
5716.416	13.5:	1179	+0.015
6395.468	[13.5	410	+0.004
6433.446	13.4:	— 367	+0.011

Visuelle Reihenbeobachtungen

Min.		E	B—R
2436723.528	±0.010	—38.5	+0.011
6754.418	10	— 3.5	—0.005
6757.514	5	0	0.000
6758.397	10	+ 1	0.000
6773.414	10	18	+0.005
6780.464	20	26	—0.009
6788.425	5	35	+0.004
6792.390	15	39.5	—0.004
6795.483	5	43	—0.002
6822.416	5	+73.5	—0.002

In der Lichtkurve entsprechen, abweichend von der Regel, 9 mm ≈ 0$^m_.$2.
Nach Drucklegung dieser Arbeit wurde festgestellt, daß bereits ZESSEWITSCH, AZ UdSSR 195, 20 (1959) eine Periode von 0$^d_.$ 88304718 ableitete.

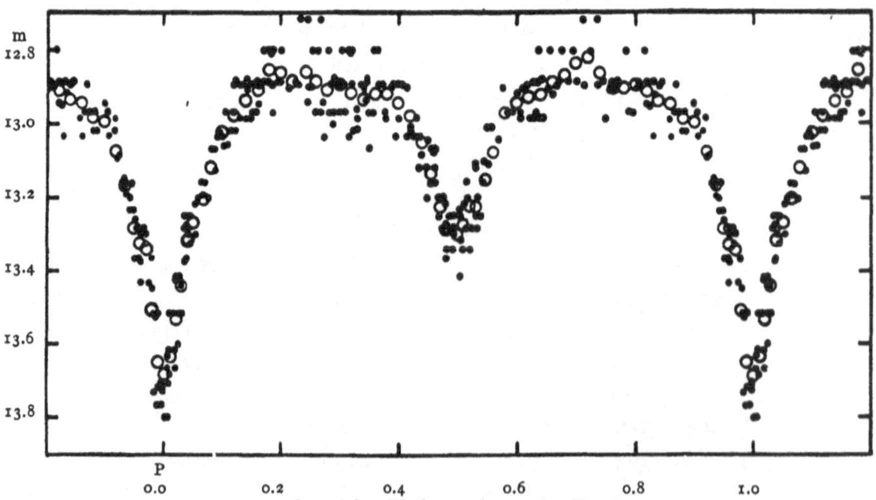

378.1936 Vulpeculae (vis. Beob.)

3349. 380.1936 Aql — Algol-Stern; 13^m3—14^m3

$m_1 = 2427713.307 + 2.193750 \cdot E$

$A_1 = 1^m0 \quad A_2 = 0^m2 \quad D = 0^p04{:} \quad d = 0^p00$

Die angegebenen Werte für A_1 und D beziehen sich auf Platten des 400 mm-Vierlinsers.

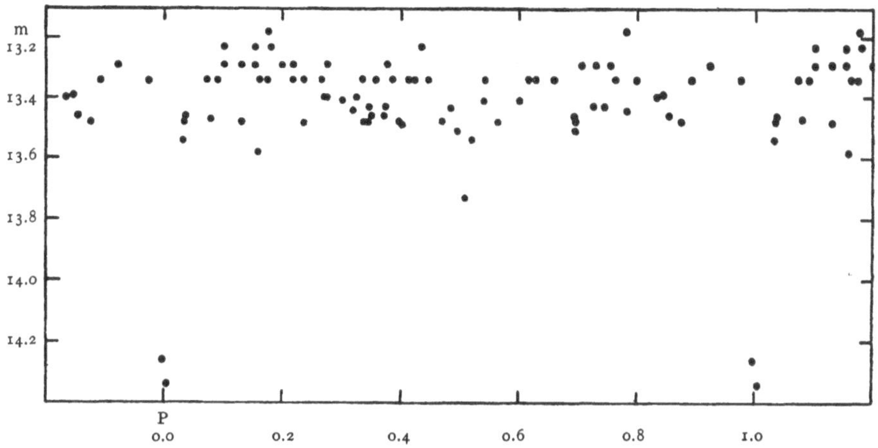

380.1936 Aquilae; 400 mm-Astrograph

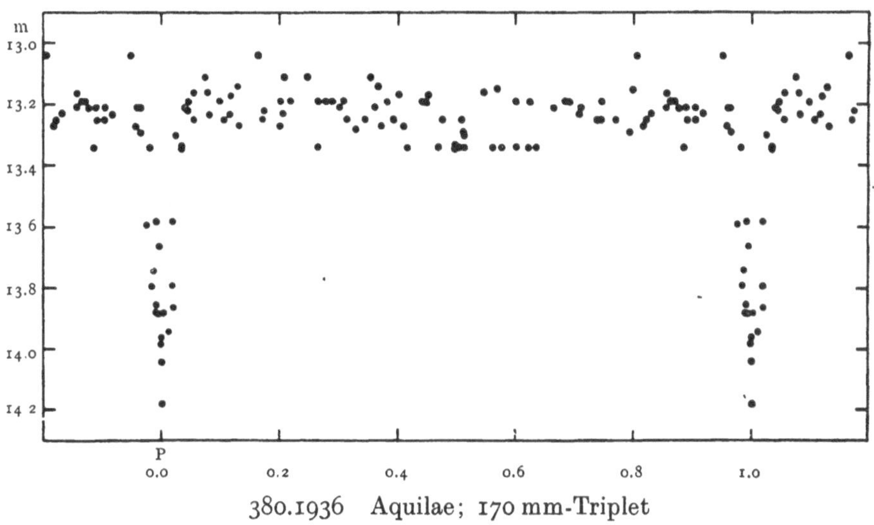

380.1936 Aquilae; 170 mm-Triplet

Min.	Gr.	E	$B—R$	Anm.
2427713.314	13^m9	0	+0.007	1
8020.420	13.6	140	—0.012	1
8404.378	13.6	315	+0.040	1
9130.460	14.3	646	—0.010	2
9196.280	14.0:	676	—0.002	1
9843.410	13.7	971	—0.028	1

Min.	Gr.	E	$B—R$	Anm.
2430545.442	$14^{\mathrm{m}}4$	1291	+0.004	2
0545.443	14.2	1291	+0.005	1
1019.252	13.8	1507	—0.036	1
1370.291	14.0:	1667	+0.003	1
3160.431	13.9	2483	+0.043	1
3478.482	14.0	2628	0.000	1
6343.506	13.9	3934	—0.013	1

1 = 170 mm- oder 140 mm-Triplet; 2 = 400 mm-Astrograph
Infolge der kurzen Dauer des Minimums von nur etwa 2 Stunden sind die Hauptminima auf den 2 bis 3 Stunden belichteten Platten des 170 mm- und 140 mm-Triplets etwas abgeflacht. Für die Ableitung der Lichtkurve wurden Reihenaufnahmen vom Nachbarfeld γAql mitbenutzt.

3350. **382.1936 Aql** Algol-Stern; $13^{\mathrm{m}}6$—$14^{\mathrm{m}}7$

$m = 2427713.314 + 5.28303 \cdot E$

$A_1 = 1^{\mathrm{m}}1 \quad A_2 = 0^{\mathrm{m}}0 \quad D = 0^{\mathrm{P}}08 \quad d = 0^{\mathrm{P}}00$

Min.	Gr.	E	$B—R$
2427713.314	$14^{\mathrm{m}}6$:	0	0.000
9187.293	14.7	279	+0.014
9398.498	[14.0:	319	—0.103
9488.386	14.6	336	—0.026
9541.313	14.4	346	+0.071
9879.443	[14.0:	410	+0.087
2431321.542	14.2	683	—0.081
3445.482	14.4:	1085	+0.080

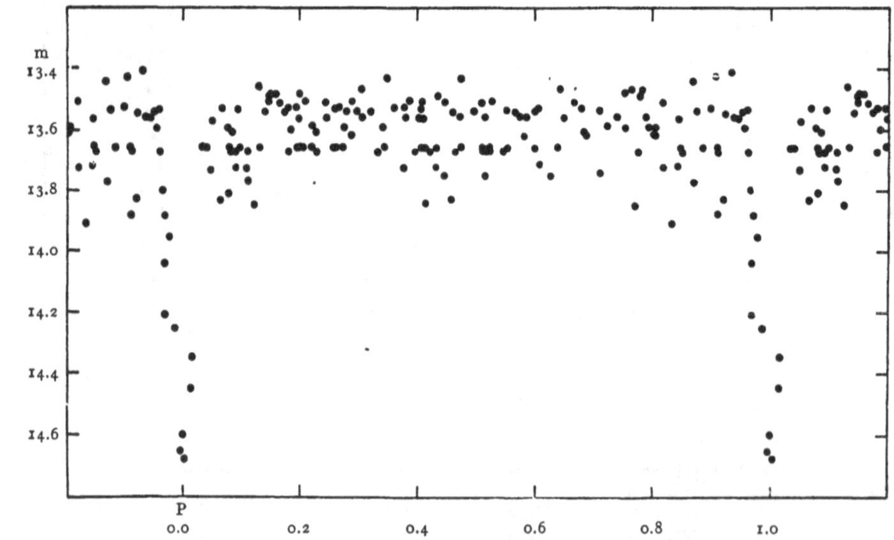

382.1936 Aquilae

Für die Untersuchung des Lichtwechsels konnten Reihenaufnahmen vom 40 cm-Astrographen des Feldes γAql hinzugezogen werden.

Die relativ große Streuung der Einzelpunkte der Lichtkurve wird durch einen Begleiter hervorgerufen, der nicht deutlich vom Veränderlichen getrennt werden konnte.

3351. **127.1940 Sge** Unregelmäßig; $14^{m}7$—$15^{m}5$

Der Stern ist dauernd veränderlich ohne Stillstände. Der Lichtwechsel spielt sich meist zwischen $14^{m}7$ und $15^{m}2$ ab. Er verläuft unregelmäßig mit Wellen von 40 bis ca. 200 Tagen Länge und etwa $0^{m}3$ bis $0^{m}7$ Amplitude. Die rascheste beobachtete Helligkeitsänderung beträgt ungefähr $0^{m}2$ in 2 Tagen. Es besteht kein wesentlicher Helligkeitsunterschied zwischen Matter-, Kranz-Ultra- und Kranz I-Platten. Nach dem Palomar Sky Atlas ist der Stern im Roten reichlich $0^{m}5$ heller als im Blauen. Vermutlich UV Bootis-Typ.

3352. **HV 5480 Aql** Unregelmäßig; $14^{m}8$—$15^{m}7$

Der Stern wurde zusätzlich auf Vierlinserplatten des Nachbarfeldes γAql beobachtet. Da infolge Lichtschwäche und Randnähe die Platten des 170 mm-Triplets nur zum Teil auswertbar waren, sind die Aussagen über den Lichtwechsel sehr unsicher. Dieser ist gekennzeichnet durch ein ziemlich gut eingehaltenes helles Normallicht, welches häufig durch Schwächungen unterbrochen wird. Durch Platten des 400 mm-Astrographen ist der Zeitraum 2429054 bis 2431344 gedeckt mit Lücken von 2429195 bis 9429, von 2429498 bis 9765 und 2430578 bis 0848. In diesem Zeitraum sind 6 Schwächungen mit einer Minimalhelligkeit von $15^{m}4$ bis $15^{m}7$ und einer Dauer von 40 bis >60 Tagen beobachtet. Das Normallicht schwankt um etwa $14^{m}8$ bis $15^{m}1$. Möglicherweise ruht der Lichtwechsel im Zeitraum $\leqq 2429765$ bis $\geqq 2430260$ bei der Helligkeit $15^{m}0$. Auf Platten des 170 mm-Triplets scheint bei 2427710 und 7713 eine Erhellung um 0.2 bis 0.3 Größenklassen über das Normallicht angedeutet zu sein.

Dem vorhandenen Plattenmaterial nach zu urteilen ist der Veränderliche sehr weiß. Auf Matterplatten ist er, bezogen auf die Vergleichsterne, um etwa $0^{m}4$ heller als auf Kranz-Ultra-Platten. Um so merkwürdiger ist es, daß er auf der Rotaufnahme des Palomar Sky Atlas um 2 Größenklassen heller ist als auf der Blauaufnahme.

3353. **DP Vul** Algol-Stern; $14^{m}5$—$15^{m}4$

$$m = 2427546.563 + 6^{d}01793 \cdot E$$

$$A_1 = 0^{m}9 \quad A_2 = 0^{m}0 \quad D = 0^{P}11 \quad d = 0^{P}00:$$

Min.	Gr.	E	$B—R$
2427546.563	$15^{m}4$:	0	0.000
9159.329	15.2:	268	—0.039
9496.400	15.1:	324	+0.028
9514.357	15.4:	327	—0.069
9809.452	15.1	376	+0.147
9851.410	[14.8	383	—0.020

Min.	Gr.	E	$B-R$
2430164.462	[14^{m}8	435	+0.099
0200.512	15.4:	441	+0.042
0874.478	[15.2	553	0.000
1229.510	[14.8	612	−0.026

Teilweise konnten Platten vom 140 mm-Triplet mit verwendet werden.

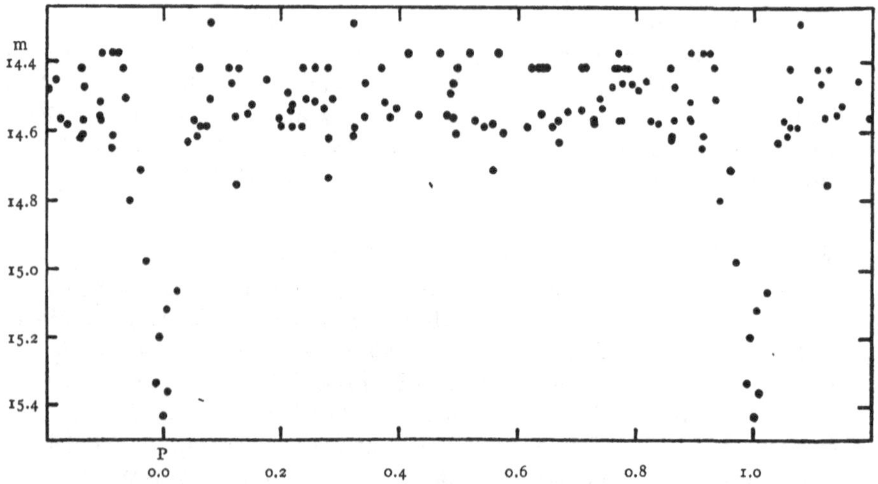

DP Vulpeculae

3354. 389.1936 Aql RW Aurigae-ähnlich?; 14^m3—15^m1

Infolge Randnähe und Störung durch einen engen, südwestlich liegenden Begleiter der Helligkeit 14^m konnten nur die Platten des 400 mm-Astrographen (einschließlich Reihenaufnahmen vom Nachbarfeld γ Aql) benutzt werden. Ein zweimaliges Durchschätzen desselben Plattenmaterials zeigte, daß der Lichtwechsel besonders am Anfang und Ende des Beobachtungszeitraumes (2429054—2431343) sehr lebhaft ist, und es scheinen Helligkeitsänderungen bis zu ≈ 0^m5 in 4 Stunden und 0^m3 in 1 Stunde vorzukommen. Bevorzugt werden die mittleren Helligkeiten. Zunächst wurde RR Lyrae-Lichtwechsel für möglich gehalten, doch zeigen 147 visuelle Reihenbeobachtungen aus dem Zeitraum 2436723—2436876 außer einem nicht ganz sicher verbürgbaren lang-

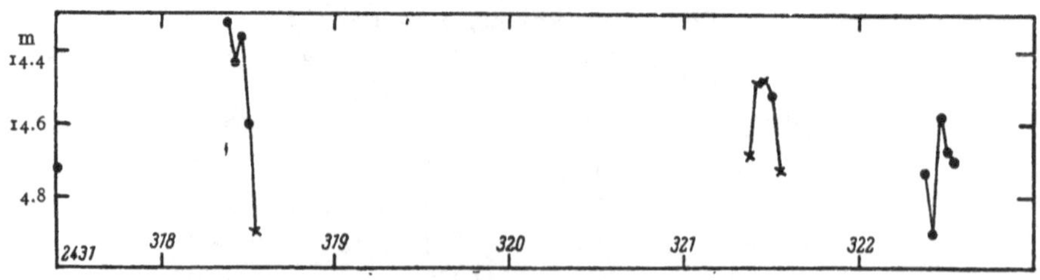

389.1936 Aquilae; Reihenaufnahmen (400 mm-Vierlinser)

× = nicht ganz sichere Schätzungen

samen Helligkeitsanstieg von 4 Stufen keine merklichen Helligkeitsschwankungen. An einer Periodizität des Lichtwechsels wird daher gezweifelt. Der Veränderliche wird visuell weiter verfolgt. Der Palomar-Atlas zeigt ihn auf der Rotaufnahme etwa 2^m heller als auf der Blauaufnahme, doch wird dieser Effekt vermutlich weniger durch Färbung als durch reelle Helligkeitsänderung hervorgerufen, denn visuell ist der Veränderliche nur wenig heller als photographisch.

3355. SZ Sge — RR Lyrae-Stern; 14^m6—15^m8

$M = 2431318.453 + 0.472334 \cdot E$

$M—m = 0^d.11$ Typus: RRb

Max.	Gr.	E	$B—R$	Anm.
2427543.564	$15^m.1$	—7992	+0.004	
7612.513	15.1:	7846	—0.007	
7710.318	15.0	7639	+0.024	
9168.368	15.1	4552	—0.021	GA
9169.322	15.1:	4550	—0.011	
9843.410	15.1:	3123	+0.056	
2430166.465	15.1:	2439	+0.035	
0848.512	14.8:	995	+0.031	GA
0960.403	15.1	— 758	—0.021	GA
1318.456	14.6	0	+0.003	GA, R
3444.474	14.8:	+4501	+0.046	
3478.482	14.7:	4573	+0.046	
3539.359	14.7:	+4702	—0.008	

Anm.: GA = 40 cm-Astrograph, sonst 17 cm-Triplet
R = aus Beobachtungsreihe abgeleitet

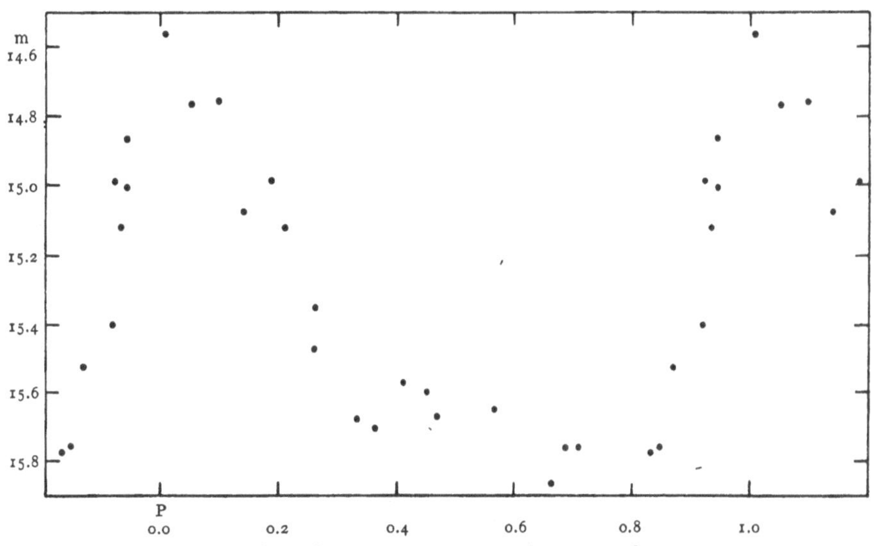

SZ Sagittae; 400 mm-Astrograph

Dieser von WOLF entdeckte und in allen bisherigen Veröffentlichungen als δ Cephei-Stern geführte Veränderliche hat auf den länger belichteten Platten des 170 mm-Triplets eine etwas kleinere Amplitude.

3356. 390.1936 Vul RR Lyrae-Stern; $14^m.3$—15^m5

$M = 2427579.543 + 0.337133 \cdot E$

$M—m = 0^d04$: Typus: RRa

Max.	Gr.	E	$B—R$
2427579.541	14^d3	0	—0.002
7931.529	14.5	1044	+0.019
7985.452	14.5:	1204	+0.001
8340.474	14.5:	2257	+0.022
8698.475	14.2:	3319	—0.012
9054.501	14.6	4375	+0.001
9107.428	14.4:	4532	—0.002
9438.498	14.4	5514	+0.004
9516.357	14.6	5745	—0.015
9872.407	14.5	6801	+0.022
9877.453	14.6:	6816	+0.011
2431020.315	14.5	10206	—0.007
1297.417	14.6	11028	—0.029

Kurvenform und Periode sind veränderlich (siehe Lichtkurven). Im Zeitraum 2429843 bis 2429880 liegt das Maximum offensichtlich nahe der Phase $0^p.1$. Leider reicht das Beobachtungsmaterial nicht aus, um genauere Untersuchungen anstellen zu können.

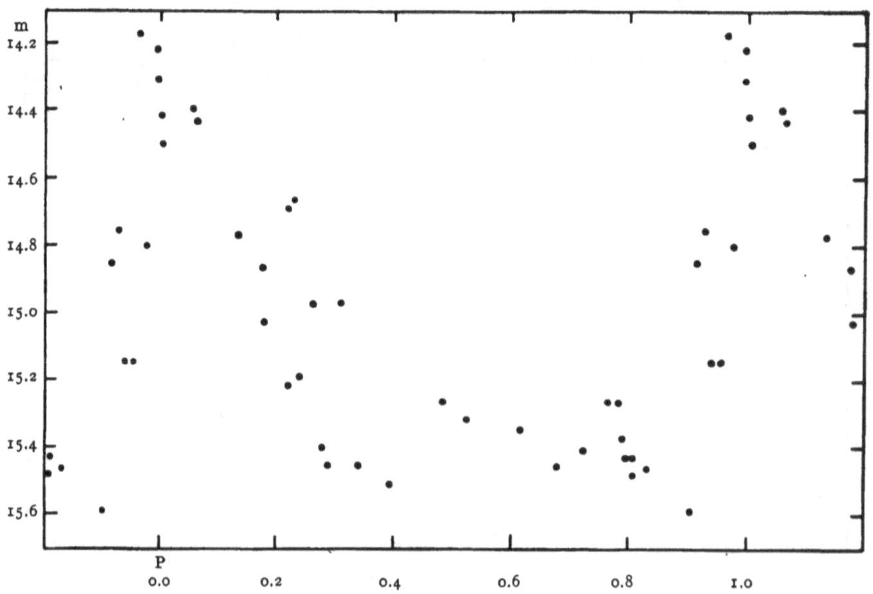

390.1936 Vulpeculae; 2427543—9130

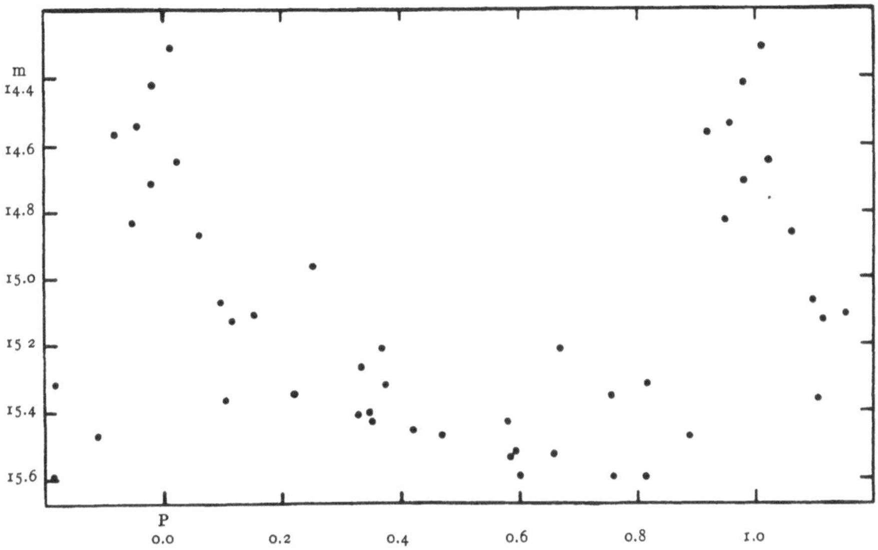

390.1936 Vulpeculae; 2429162—9809 und 2431000—1028

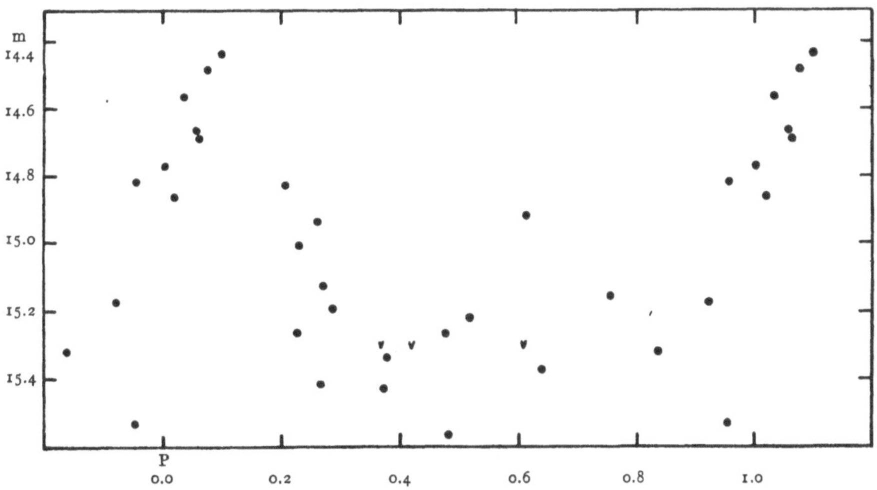

390.1936 Vulpeculae; 2429843—2430963

3357. 391.1936 Sge Algol-Stern; $15^{m}_{.}2$—$15^{m}_{.}9$

Die Beobachtung war wegen Lichtschwäche schwierig. Die Minima sind sehr selten. Es konnten nur 3 einwandfreie Schwächungen festgestellt werden: 2427543.564 ($15^{m}_{.}9$:), 2429777.455 ($15^{m}_{.}5$), 2430960.403 ($15^{m}_{.}8$). Ein paar weitere Schätzungen, die den Stern bei $15^{m}_{.}4$ bis $15^{m}_{.}5$ zeigen, sind sehr unsicher.

3358. 129.1940 Sge μ Cephei-Stern; $14^{m}_{.}8$—$16^{m}_{.}0$

Der Stern konnte auf den Platten des 17 cm-Triplets infolge Lichtschwäche nur unsicher verfolgt werden. Der Lichtwechsel verläuft stetig und spielt sich meist in den Grenzen $14^{m}_{.}8$—$15^{m}5$ ab, doch reichen einzelne Wellen wesentlich tiefer. Es besteht kein deutlicher Zusammenhang zwischen der Amplitude der einzelnen Wellen ($0^m\!.4$ bis 1^m2) und ihrer Länge (80^d bis 250^d). Auf Kranz-Ultra-Platten ist der Stern kaum, auf Kranz-I-Platten nur wenig ($\approx 0^m\!.1$) heller als auf Matterplatten. Die Aufnahmen vom Palomar Sky Atlas zeigen den Stern im roten Spektralbereich nahezu 2^m heller als im blauen.

3359. 393.1936 Sge Unbekannt; $15^m\!.3$ (Matter-Platten)
$14^m\!.6$:—[$15^m\!.2$: (Kranz-Ultra-Platten)

Auf den Platten des 400 mm-Astrographen ist keinerlei Lichtwechsel nachweisbar, die Schätzungen streuen regellos innerhalb der Grenzen $15^m\!.2$ bis $15^m\!.5$. Auf den Platten des 170 mm-Triplets ist der Stern wegen Lichtschwäche und eines Nachbarsterns gleicher Helligkeit, von dem er nicht immer einwandfrei getrennt ist, sehr schwierig zu verfolgen, doch scheint vermutlich ein geringer Lichtwechsel zu existieren. Die Helligkeit liegt fast immer dicht bei $14^m\!.9$, doch sind auf Kranz-Ultra-Platten gelegentlich (allerdings unsichere) Aufhellungen oder Abschwächungen beobachtet worden:

2427685.448	$14^m\!.6$:[1])
9086.499	15.1:
9843.410	15.2:
2430147.492	[15.2:[2])

[1]) eine der beiden Entdeckungsplatten
[2]) Nachbarstern $14^m\!.9$ ist selbst fast unsichtbar

Nach dem Palomar Sky Atlas ist der Stern ungefärbt.

3360. 400.1936 Sge RR Lyrae-Stern; $14^m\!.0$—$15^m\!.2$

$M = 2428404.385 + 0.592243 \cdot E$

$M—m = 0^d\!.09$ Typus: RRa

Max.	Gr.	E	$B—R$
2427612.513	$14^m\!.3$	— 1337	—0.043
7628.505	14.3	1310	—0.042
7710.318	14.3	1172	+0.042
8369.438	14.3	— 59	—0.005
8404.378	14.1	0	—0.007
8658.501	14.1:	+ 429	+0.044
9107.428	14.4	1187	+0.051
9130.460	13.9	1226	—0.015
9817.476	14.2:	2386	—0.001
9906.311	14.1:	2536	—0.002
2430224.392	14.1:	3073	+0.044
0412.646	14.0:	3391	—0.035
0466.557	14.1	3482	—0.018
0520.478	14.1	3573	+0.009
0705.264	14.2:	3885	+0.015
0963.436	14.2	4321	—0.031
1020.315	14.2	+ 4417	—0.007

Max.	Gr.		E	B—R
2431255.460	$14^{m}.2$:	+	4814	+0.017
3152.397	14.2		8017	0.000
5695.498	14.1		12311	+0.009
5987.456	14.2		12804	—0.008
6452.368	14.5:	+	13589	—0.007

Die starke Streuung im schwachen Licht dürfte zumindest zum Teil an einem schwachen Begleiter der Helligkeit $15^{m}.6$ liegen, der selbst auf den Platten des 400 mm-Astrographen meist nicht sicher vom Veränderlichen getrennt ist.

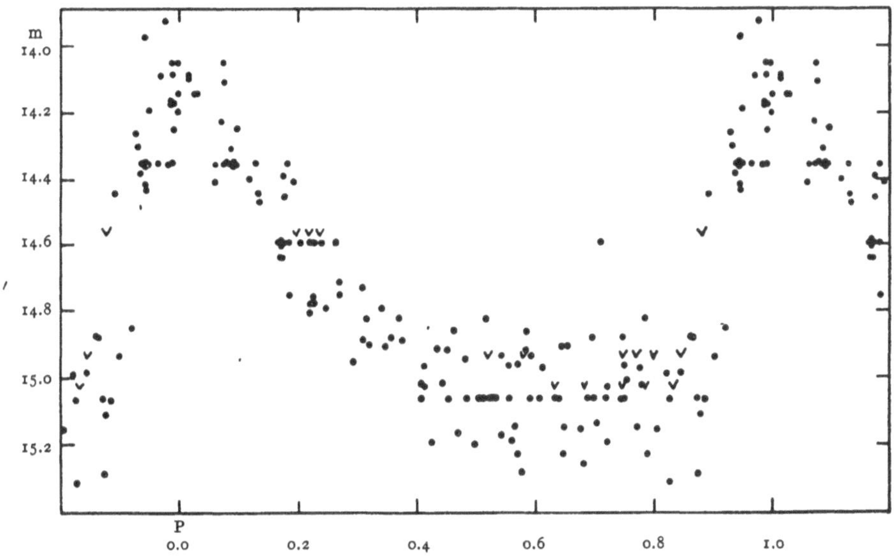

400.1936 Sagittae

3361. 404.1936 Sge Algol-Stern ?; $14^{m}.5$—$15^{m}.1$

Auf 260 Platten wurde nur ein einwandfreies Minimum $15^{m}1$ gefunden (Entdeckungsplatte), welches einen sehr „echten“ Eindruck macht. 5 weitere Schwächungen sind nicht sicher verbürgt, aber vermutlich wenigstens zum Teil reell. Es ist nicht ausgeschlossen, daß der Lichtwechsel unregelmäßig verläuft. Beobachtete wahrscheinliche Schwächungen:

2427685.448 ($15^{m}.1$), 8248.619 ($14^{m}.7$::), 8403.394 ($14^{m}.65$::),
2430197.447 ($14^{m}.7$::), 0874.478 ($14^{m}.7$:), 0963.436 ($14.^{m}7$).

Nach dem Palomar Atlas ist der Stern ungefärbt.

3362. 713.1933 Aql Algol-Stern; $13^{m}.5$—$14^{m}.5$

$m_1 = 2427635.457 + 0.880981 \cdot E$

$A_1 = 1^{m}.0 \quad A_2 = 0^{m}.07 \quad D = 0^{p}.18 \quad d = 0^{p}.04 = 50\,\text{min}.$

Min.	Gr.	*E*	*B—R*	Anm.
2427340.344	[13^{m}9	— 335	+0.016	A
7385.300	[13.9	— 284	+0.042	A
7635.442	14.4	0	—0.015	A
7695.356	14.3	+ 68	—0.008	A
7710.318	14.2	85	—0.022	A
8020.420	14.1	437	—0.026	A
8035.416	[13.9	454	—0.006	A
8367.519	14.2:	831	—0.033	A
9071.461	14.3:	1630	+0.005	GA
9071.472	14.4:	1630	+0.016	A
9078.497	14.2	1638	—0.007	A
9130.460	14.2	1697	—0.022	GA
9161.352	14.3:	1732	+0.036	GA
9516.357	14.1	2135	+0.006	A
9961.228	14.2:	2640	—0.019	GA
9961.255	14.2:	2640	+0.008	A
2430234.383	14.4	2950	+0.032	A
1262.471	14.3	4117	+0.015	GA
1321.483	14.5	4184	+0.001	GAR
1322.378	14.6	4185	+0.016	G
2795.398	14.4:	5857	+0.035	A
5695.498	14.2	9149	—0.054	A
6459.350	14.4:	+10016	—0.013	A A

Anm.: A = 170 mm- oder 140 mm-Triplet GA = 400 mm-Astrograph
R = aus Reihenaufnahmen abgeleitet.

Die stärkere Streuung der Helligkeiten im Hauptminimum (s. Lichtkurve) ist nicht durch eine Ungenauigkeit der Periode verursacht. Auf den Platten des 170 mm-Triplets ist die Amplitude um 0^{m}2 kleiner, wahrscheinlich infolge der längeren Belichtungszeit.

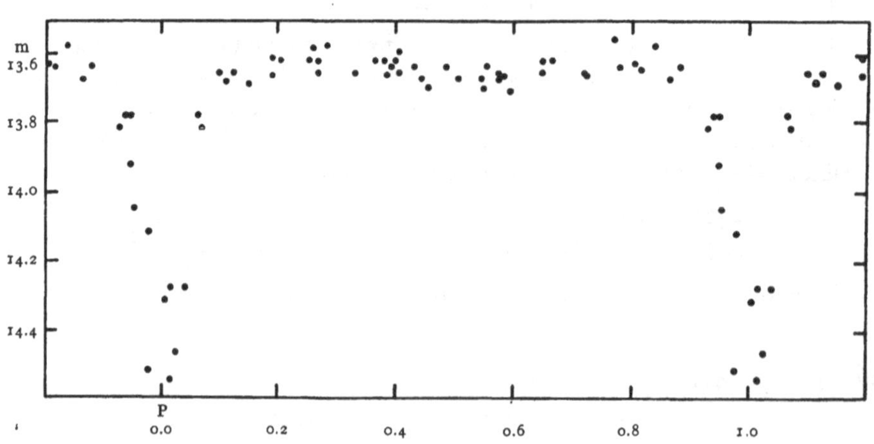

713.1933 Aquilae; 400 mm-Astrograph

3363. 406.1936 Sge Algol-Stern?; 14^m7—16^m1

Auf insgesamt 153 Platten konnte nur ein sicheres Minimum (2427710.318, 16^m16) nachgewiesen werden. Auf zwei schlechten Platten sind 2 weitere Schwächungen wahrscheinlich, aber nicht sicher (2429627.224, [15^m1: und 2430149.493, 15^m1::). Der Palomar Sky Atlas zeigt den Stern ungefärbt.

3364. 409.1936 **Vul** Unregelmäßig; 13^m83—14^m15

Der Lichtwechsel ist vermutlich unregelmäßig und hat Wellencharakter mit Wellen von wenigen 100 Tagen Länge und einer Amplitude von 0^m3 und weniger. Stillstände von einigen 100 Tagen (vielleicht sogar einigen Jahren) Länge kommen anscheinend häufig vor, und zwar ausschließlich zwischen 13^m9 und 14^m0. Eine Reihe von 5 Aufnahmen in 0.168 Tagen zeigt den Stern konstant schwach bei 14^m1. Die Rotaufnahme des Palomar Atlas zeigt den Veränderlichen etwa 2^m heller als die Blauaufnahme.

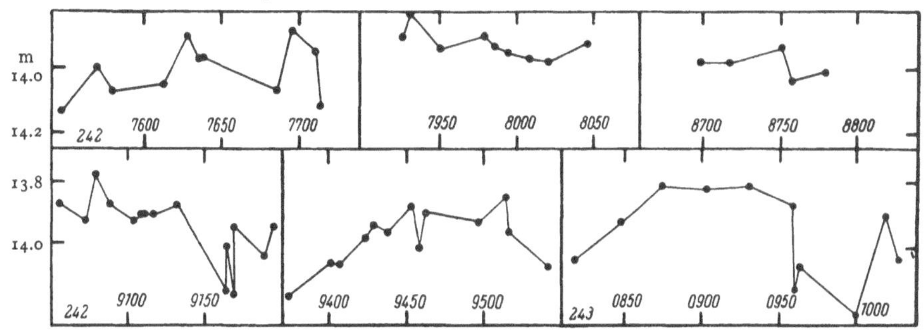

409.1936 Vulpeculae

3365. 417.1936 Sge RR Lyrae-Stern; 13^m2—14^m2

$M = 2427710.308 + 0.4184272 \cdot E$

$M—m = 0^d11 \pm$ Typus: RRb

Photographische Beobachtungen

Max.	Gr.	E	$B—R$	Anm.
2427710.316	13^m4	0	+0.008	1
7994.485	13.5	679	+0.065	1
8717.446	13.4:	2407	—0.016	1
8750.512	13.5	2486	—0.006	1
9086.495	13.4:	3289	—0.020	1
9107.424	13.4	3339	—0.012	1
9130.456	13.1	3394	+0.006	2
2430197.443	13.4:	5944	+0.004	1
0225.436	13.2	6011	—0.038	2
0466.558	13.5	6587	+0.070	1
0515.460	13.1	6704	+0.016	2
0520.475	13.5	6716	+0.010	1
0636.360	13.5:	6993	—0.009	1

Max.	Gr.	E	$B-R$	Anm.
2431019.251	13ᵐ4:	7908	+0.021	1
1318.452±0.015	13.2	8623	+0.046(!)	2,3
3152.393	13.2:	13006	+0.021	2
3888.356	13.4	14765	−0.030	2
3891.375	13.4	14772	+0.060	2
4133.561	13.4:	15351	−0.023	2
4180.487	13.4:	15463	+0.039	2
4221.465	13.4:	15561	+0.011	2
4252.444	13.2	15635	+0.027	2
4453.644	13.2	16116	−0.037	2
4479.595	13.4	16178	−0.028	2
4487.583	13.4:	16197	+0.010	2
4575.463	13.4:	16407	+0.020	2
4593.438	13.1:	16450	+0.003	2
4710.234	13.4:	16729	+0.057	2
4890.523	13.1:	17160	+0.004	2
5009.413	13.4:	17444	+0.061	2
5218.564	13.1:	17944	−0.002	2

Anm.: 1 = schwach orthochromatisches, 2 = blauempfindliches Material
3 = aus Beobachtungsreihe abgeleitet

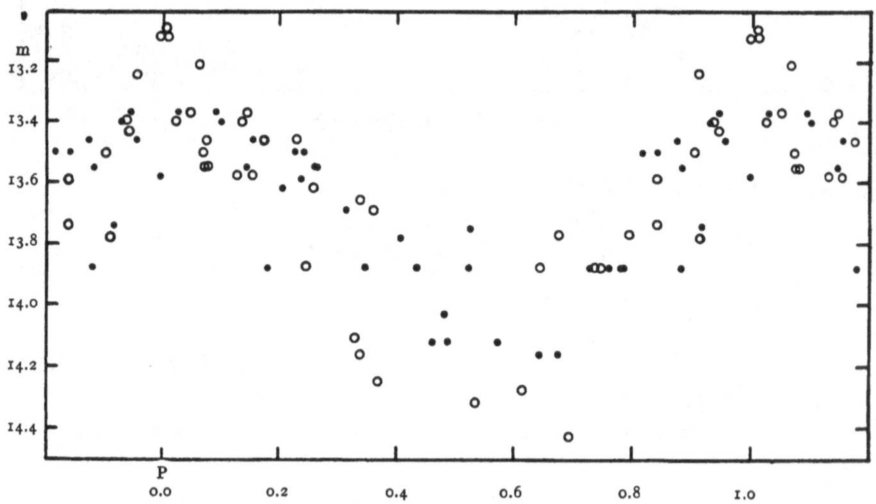

417.1936 Sagittae; 140 mm-Tessar
Punkte: 2433722—4249 (flache Form) Kreise: 2434285—5628 (steile Form)

Visuelle Beobachtungen

Max.		E	$B-R$
2436724.464	± 0.020	21543	−0.021
6745.422	20	21593	+0.015
6757.560	20	21622	+0.019

Max.		E	B—R
2436758.358	±0.020	21624	—0.020
6760.467	10	21629	—0.003
6773.451	20	21660	+0.010
6788.517	20	21696	+0.012
6819.461	10	21770	—0.007
6820.304	40	21772	—0.001
6821.569	20	21775	+0.009
6822.402	10	21777	+0.005
6847.489	20	21837	—0.014
6848.346	10	21839	+0.006
6850.420	15	21844	—0.012
6876.371	15	21906	—0.003

Es wurden zusätzlich Schätzungen auf Platten vom Tessar 140/700 mm und 333 visuelle Schätzungen gewonnen. Der Veränderliche weist starke Unregelmäßigkeiten in der Kurvenform auf. *M—m* schwankt offensichtlich zwischen $0^d.08$ und $0^d.14$ und die Amplitude zwischen $0^m.6$ und $1^m.0$. Eine Reihe von 5 Aufnahmen während einer Nacht (J.D. = 2431318) zeigt das Maximum bei der Phase 0.11 (siehe obige Tabelle). Visuelle Beobachtungen aus dem Zeitraum 2436722 bis 2436876 zeigen innerhalb dieses Zeitraums kleine Schwankungen in der Breite des Maximums bei einer Amplitude von etwa $0^m.6$. Visuell ist der Veränderliche merklich schwächer als photographisch.

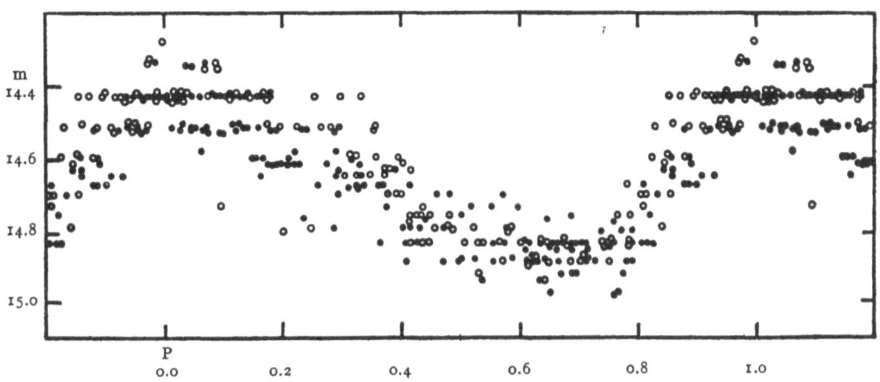

417.1936 Sagittae (vis. Beob.)
Punkte: 2436722—6820 Kreise: 2436821—6904

3366. **163.1905 Vul** S Vulpeculae-Stern; $13^m.7—15^m.9$

$$\text{I } M = 2429077.0 + 75.44 \cdot E \qquad (-25 \leqq E \leqq 0)$$

$$\text{II } M = 2429077.0 + 73.94 \cdot E \qquad (0 \leqq E \leqq +45)$$

$$\text{III } M = 2432390.7 + 75.03\,(E - 45) \quad (+45 \leqq E \leqq +97)$$

Max.	Gr.	*E*	*B—R*
2428398	$13^{m}8$	— 9	0
8698	14.1	5	—2
8779	14.0	— 4	+4
9071	13.8	0	—6
9157	13.6:	+ 1	+6
9159	13.9	1	+8
9372	13.8	4	—1
9453	13.6	5	+6
9514	13.7	6	—7
9516	13.8	6	—5
9813	14.0:	10	—3
9817	13.8	10	+1
9824	13.9	10	+8
2430260	14.0:	16	0
0486	13.7:	19	+4
0632	13.8	21	+2
0705	13.8	22	+1
1000	13.9	26	+1
6306	13.7	+ 97	0

Die starke Streuung der Einzelpunkte der Lichtkurve rührt von einigen Unregelmäßigkeiten her: Während alle Maxima genähert gleich hoch sind, schwankt die Tiefe der Minima zwischen $15^{m}1$ und $15^{m}9$, und zwar regellos (im Gegensatz zu den RV Tauri-Sternen). Dabei werden die weniger tiefen Minima bevorzugt. Die Periode wird nicht streng eingehalten. Der Zeitraum 2427920 bis 2428050 zeigt völlig gestörten Lichtwechsel. Er ist in der Lichtkurve ausgelassen worden. Das berechnete Maximum 2427956 fällt aus. Der Stern ist auf Kranz-Ultra-Platten gegenüber seinen Vergleichsternen um $0^{m}.3$ heller als auf Matterplatten. Die *E*-Aufnahme des Palomar Sky Atlas zeigt den Veränderlichen etwa $1^{m}.5$ heller als die O-Aufnahme.

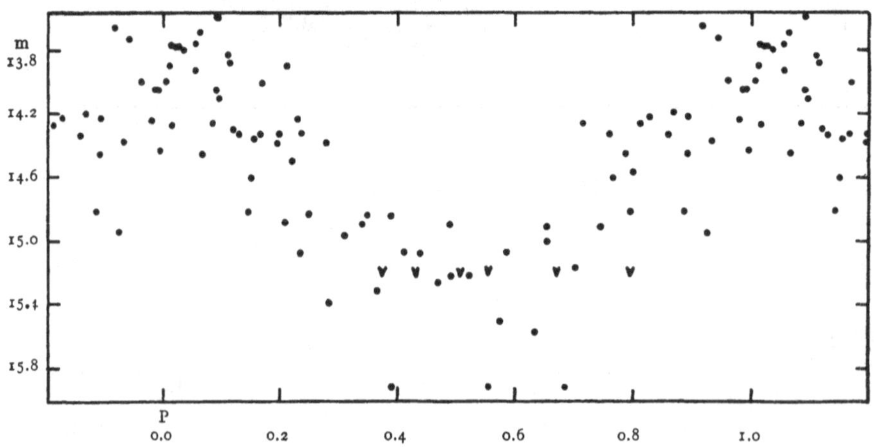

163.1905 Vulpeculae

3367. 387.1934 Aql RR Lyrae-Stern; $13^{m}2$—$14^{m}5$

$M = 2427612.528 + 0.4440723 \cdot E$

$M—m = 0^{d}062$ Typus: RRa

Max.	Gr.	E	$B—R$	Anm.
2427612.513	$13^{m}5$	0	—0.015	A
7628.505	13.5	36	—0.010	A
8424.341	13.5	1828	+0.049	A
9462.516	13.5	4166	—0.017	A
9483.389	13.1::	4213	—0.016	GA
9872.407	13.5	5089	—0.005	A
9961.228	13.2	5289	+0.002	GA
9961.255	13.4:	5289	+0.029	A
2430177.489	13.2	5776	—0.001	GA
0225.440	13.2	5884	—0.009	GA
0848.512	13.2	7287	+0.029	GA
0900.460	13.2	7404	+0.021	GA
0960.403	13.1	7539	+0.014	GA
1289.457	13.2:	8280	+0.010	GA
1321.420	13.1	8352	0.000	GA
3095.469	13.5	12347	—0.020	A
6306.565	13.4:	19578	—0.010	A

Anm.: GA = 400 mm-Astrograph, A = 170 mm-Triplet
Die beobachteten Maxima sind infolge der langen Belichtungszeiten stark abgeflacht. Die reelle Amplitude dürfte größer sein. Auf den sehr lange belichteten Platten des 170 mm-Triplets beträgt die Amplitude $0^{m}9$.

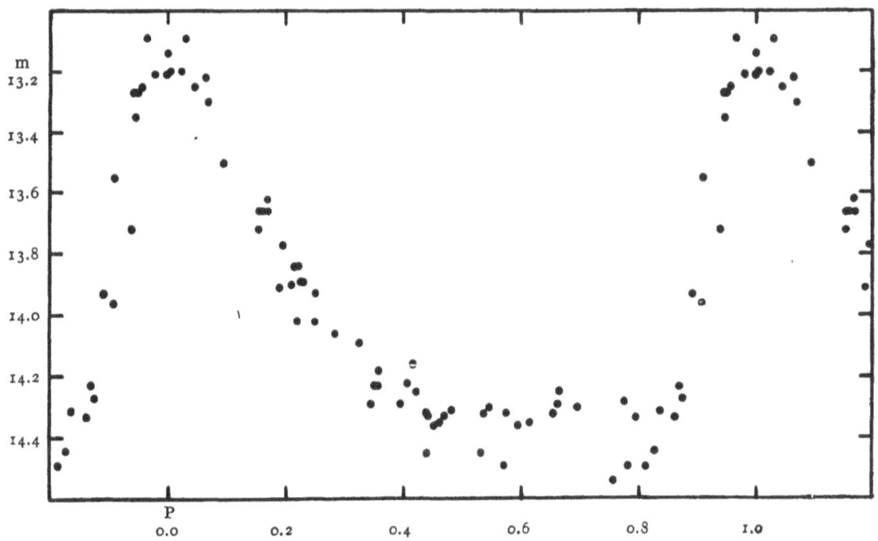

387.1934 Aquilae; 400 mm-Astrograph

3368. **136.1940 Aql** Algol-Stern; 13^m9—15^m0

$m_1 = 2428369.445 + 1.22524 \cdot E$

$A_1 = 1^m1 \quad A_2 = 0^m1 \quad D = 0^p16 \quad d = 0^p00$

Min.	Gr.		E	B—R	Anm.
2427640.448	[14^m5	—	595	+0.021	A
7710.318	14.6	—	538	+0.052	A
8369.438	15.4		0	—0.007	A
8396.401	15.4	+	22	+0.001	A
8717.450	[14.5		284	+0.037	A
8750.447	14.5:		311	—0.048	A
9816.467	14.5:		1181	+0.014	A
9843.410	15.2:		1203	+0.001	A
2430545.443	15.0:		1776	—0.028	A
0583.419	14.5:		1807	—0.035	A
0958.382	14.8		2113	+0.005	GA
1318.548	14.7		2407	—0.050	GA
3515.421	[14.5:		4200	—0.032	A
6404.504	14.5:		6558	—0.065	A
6457.356	14.5:	+	6601	+0.102	A

Anm.: GA = 400 mm-Astrograph, A = 170 mm-Triplet
Auf Kranz-Ultra-Platten ist der Lichtwechselbereich etwas größer: 14^m0—15^m3.

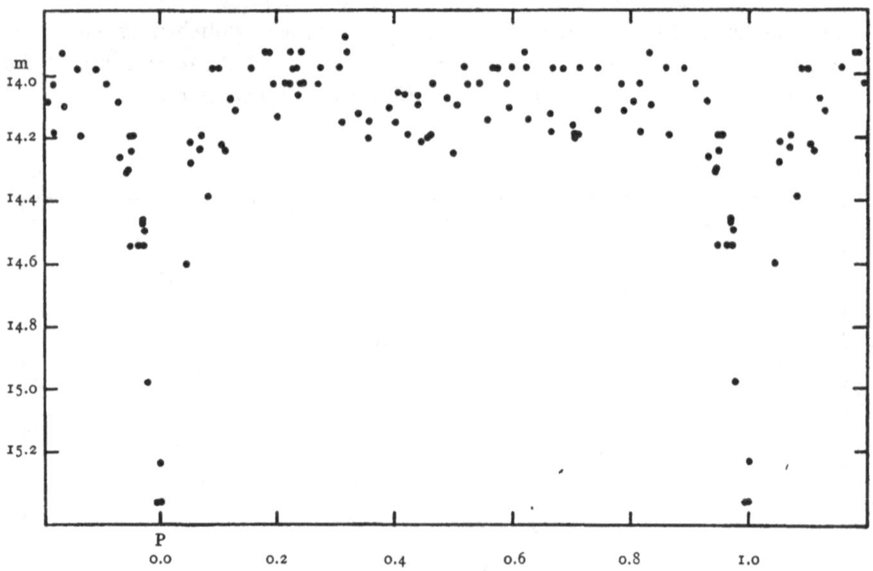

136.1940 Aquilae; 170 mm-Triplet

3369. **429.1936 Sge** Unveränderlich; 14^m1

Die Helligkeiten streuen völlig regellos in den Grenzen 14^m0 bis 14^m3. Der Stern ist rötlich. Auf den schwach orthochromatischen Kranz-Ultra-Platten ist er um ca. 0^m4, auf den stark orthochromatischen Kranz I-Platten um ca. 0^m5

heller als auf Matterplatten. Eine geringe Veränderlichkeit wird auf einigen Platten mit weniger guter Abbildung offenbar durch die starke Färbung vorgetäuscht. Der Palomar Sky Atlas zeigt einen Farbenindex von etwa +2 Größenklassen.

3370. 137.1940 Sge Mittellange Periode; $14^m_.5$—$15^m_.5$

$$M = 2427677 + 81.2 \cdot E$$

Max.	Gr.	E	$B—R$
2427677:	$14^m_.6$:	0	0
8400	14.4	9	— 8
9070	14.6	17	+13
9141	14.6:	18	+ 2
9450	14.6	22	—13
9790:	14.9	26	+ 2
2431334:	14.8:	45	+ 3
3444:	14.9:	71	+ 2

Wegen Lichtschwäche war nur ein Teil der zur Verfügung stehenden Platten auswertbar. Die Maxima sind schärfer ausgeprägt als die Minima. Während die Tiefe der Minima nur zwischen $15^m_.3$ und $15^m_.5$ schwankt, sind die Maxima verschieden hoch und fallen sogar manchmal aus, so daß an Stelle des eigentlichen Maximums ein breites Minimum liegt. Dies kann sowohl bei ungeraden als auch bei geraden Epochenzahlen geschehen. Um weitere Gesetzmäßigkeiten zu erkennen, reichen die dürftigen Beobachtungen nicht aus. Möglicherweise liegt Verwandtschaft mit dem S Vulpeculae-Typ vor. Auf der *E*-Aufnahme des Palomar Sky Atlas ist der Veränderliche etwa 2^m heller als auf der *O*-Aufnahme.

3371. 431.1936 Sge μ Cephei-Stern ?; $15^m_.0$—$15^m_.4$

Der völlig regellos (ähnlich BY Serpentis) verlaufende Lichtwechsel hat eine sehr stark von der Plattensorte abhängige Amplitude. Während der Lichtwechselbereich auf den blauempfindlichen Matter- und Agfa-Astro-Platten $15^m_.0$ bis $15^m_.4$ beträgt, liegt die Helligkeit auf den schwach orthochromatischen Kranz-Ultra- und Agfa-Astro-Spezial-Platten zwischen $14^m_.6$ und $15^m_.6$ (in dem gleichen Zeitraum, in dem die Matter- und Agfa-Astro-Platten aufgenommen wurden, zwischen $14^m_.6$ und $15^m_.4$). Die Amplitude scheint somit auf schwach orthochromatischen Platten etwa doppelt so groß zu sein wie auf Blauplatten! Stillstände wurden etwa bis zu 100 Tagen Dauer beobachtet, die raschesten Helligkeitsänderungen betragen auf Kranz-Ultra-Platten $0^m_.4$ in 30 Tagen. Die mittlere Helligkeit $\bar{m}$ des Veränderlichen hat im beobachteten Zeitraum abgenommen:

J. D.	$\bar{m}$ (schwach orthochrom.)	$\bar{m}$ (Blau-Platten)
2427500—2429000	$15^m_.0$	
2429000—2430000	14.9	$15^m_.1$
2430100—2431400	15.1	15.4
2435600—2436500	15.4	

Nach dem Palomar Sky Atlas beträgt der Farbenindex nur etwa $+1^m$.

3372. 434.1936 Sge Algol-Stern; $12^m.5$—$13^m.0$

Für diesen Veränderlichen konnten auch Platten der Sonneberger Himmelsüberwachung herangezogen werden, so daß insgesamt 426 Einzelbeobachtungen vorliegen. Die abgebildete Lichtkurve enthält nur die Beobachtungen vom 170 mm-Triplet und vom 400 mm-Vierlinser.

$$m_1 = 2427950.534 + 2.653854 \cdot E$$

$$A_1 = A_2 = 0^m.54 \quad D = 0^p.13 \quad d = 0^p.03$$

Min.	Gr.		E	B—R
2427710.318	$13^m.0$	—	90.5	—0.042
7950.522	13.0		0	—0.012
8396.401	13.0	+	168	+0.020
8404.378	13.1:		171	+0.035
8717.450	12.9		289	—0.048
9054.501	13.0		416	—0.036
9078.497	12.9		425	+0.075
9139.380	12.9		448	—0.081
9163.331	12.9		457	—0.014
9167.324	13.1		458.5	—0.002
9187.293	12.9		466	+0.063
9407.517	13.0		549	+0.017
9492.429	12.9		581	+0.006
9496.400	13.0		582.5	—0.004
9516.357	13.0		590	+0.049
9813.448	12.9		702	—0.092
2430166.465	13.0		835	—0.037
0515.460	13.0		966.5	—0.024
0604.419	13.1		1000	+0.031
0632.315	13.0		1010.5	+0.062
0705.264	13.0		1038	+0.030
0848.512	13.0		1092	—0.031
0848.560	12.9		1092	+0.017
0852.557	13.0		1093.5	+0.034
3478.482	13.0		2083	—0.030
3502.407	13.0		2092	+0.010
4176.445	12.9		2346	—0.030
4180.487	13.0		2347.5	+0.031
4253.391	12.9		2375	—0.046
4485.589	13.0		2462.5	—0.060
4517.528	13.0		2474.5	+0.032
4578.522	13.1		2497.5	—0.012
4707.230	12.9		2546	—0.016
5048.330	12.9		2674.5	+0.063
5369.367	13.0		2795.5	—0.016
5369.367	13.2:		2795.5	—0.016
5373.343	13.2		2797	—0.021
5373.343	13.2:		2797	—0.021
5389.316	13.0	+	2803	+0.029

Min.	Gr.	E	$B-R$
2435389.330	$13^m.0$	+ 2803	+0.043
5609.550	13.0	2886	—0.007
5694.490	13.0	2918	+0.010
5694.526	13.0	2918	+0.046
5718.374	13.0	2927	+0.009
6461.403	13.0	+ 3207	—0.041

Nach ZESSEWITSCH [AZ UdSSR 122, 7 (1952)] schwankt die Helligkeit auf 18 Aufnahmen innerhalb von $0^m.3$.

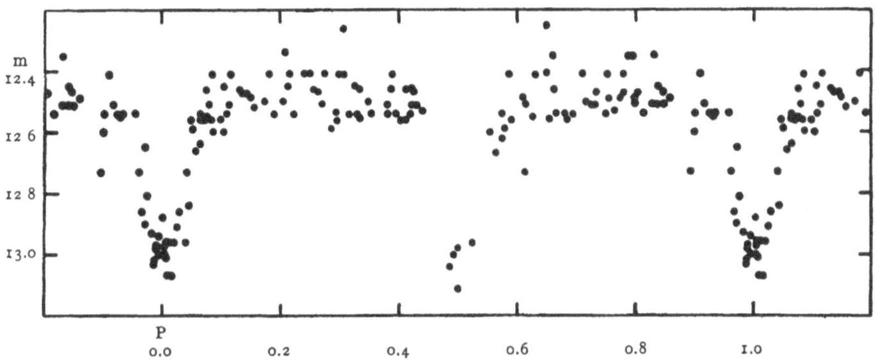

434.1936 Sagittae

3373. **139.1940 Aql** Unregelmäßig; $13^m.8$—$14^m.9$

Die Schätzungen auf den Platten des 170 mm-Triplets sind infolge Lichtschwäche etwas ungenau.

Der Lichtwechsel ist lebhaft mit Wellen von vermutlich wenigen bis vielleicht 40 Tagen Länge. Anscheinend erfolgt der Aufstieg steiler als der Abstieg. Längere Stillstände sind nicht beobachtet. Es kommen Helligkeitsänderungen bis zu $0^m.9$ in 2 Tagen vor.

Der Veränderliche ist blauer als seine Vergleichsterne: Während auf Platten des 400 mm-Astrographen (Matter-Platten) die Helligkeit in den Grenzen 13^m8 und 14^m9 liegt, schwankt sie auf den Platten des 170 mm-Triplets (Kranz Ultra und Kranz I) zwischen $14^m.0$ und $15^m.4$. Ein unsicherer Extremwert: $15^m.7$. Die Vergleichsterne sind jedoch, wie 118 visuelle Beobachtungen zeigen, merklich gefärbt. Reihenbeobachtungen innerhalb von Zeiträumen bis zu $0^d.25$ Länge zeigen den Stern immer konstant, sowohl im hellen als auch mittleren und schwachen Licht, was RR Lyrae-Lichtwechsel ausschließt. Vermutlich liegt EM Cygni- oder RW Aurigae-ähnlicher Lichtwechsel vor. Die in der Lichtkurve angegebenen Helligkeiten und Helligkeitsdifferenzen sind auf Grund des bekannten Stufenwertes grob geschätzt. Die Blauaufnahme des Palomar Sky Atlas zeigt den Stern etwa $0^m.5$ heller als die Rotaufnahme.

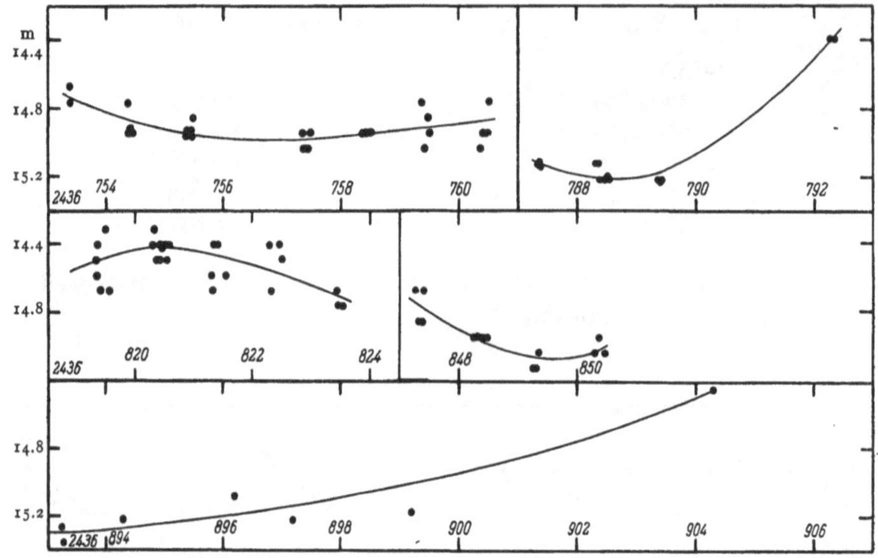

139.1940 Aquilae (vis. Beob.)

3374. 436.1936 Sge Algol-Stern; 13^m4—14^m3

$m_1 = 2427543.652 + 4.45601 \cdot E$

$A_1 = 0^m9 \quad A_2 = 0^m1 \quad D = 0^p14 \quad d = 0^p00$

Min.	Gr.	E	$B—R$
2427543.564	14^m0	0	—0.088
7628.505	13.9	19	+0.189
8020.420	14.2	107	—0.025
2430315.256	14.0	622	—0.034
0903.463	14.2	754	—0.021

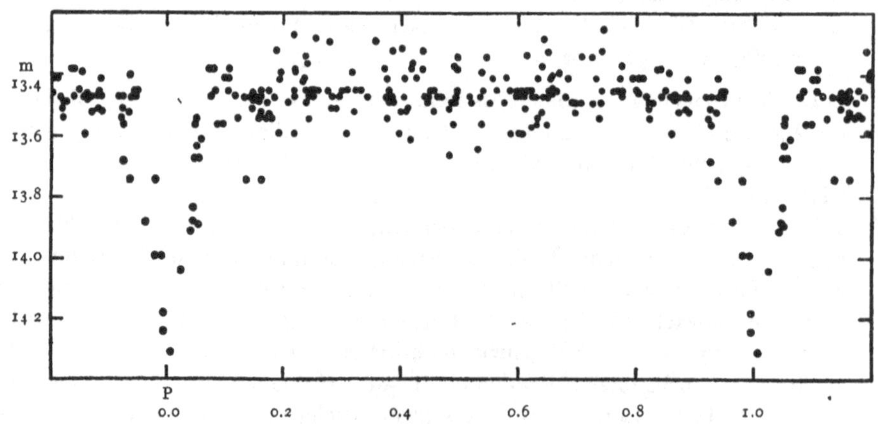

436.1936 Sagittae

Min.	Gr.	E	$B-R$
2431028.279	$14^m_.3$	782	+0.027
4272.340	14.0	1510	+0.113
4548.487	[14.2	1572	—0.013
4860.552	[13.7	1642	+0.132
4958.445	14.6:	1664	—0.008
5243.539	14.2:	1728	—0.098
5252.483	[13.7	1730	—0.066

3375. 437.1936 Sge RR Lyrae-Stern; $13^m_.2$—$14^m_.3$

$M = 2428333.441 + 0.5047545 \cdot E$

$M-m = 0^d_.10$ Typus: RRa

Max.	Gr.	E	$B-R$	Anm.
2428333.447	$13^m_.5$	0	+0.006	
9130.460	13.3	1579	+0.012	GA
9169.322	13.5	1656	+0.008	
9496.400	13.5	2304	+0.005	
9541.313	13.4	2393	—0.006	
9872.407	13.5	3049	—0.030	
2430147.492	13.7:	3594	—0.037	
0234.383	13.4	3766	+0.037	
1028.279	13.4	5339	—0.046	
1318.548	13.2	5914	—0.011	GA
6452.453	13.4	16085	+0.036	

Anm.: GA = 400 mm-Astrograph

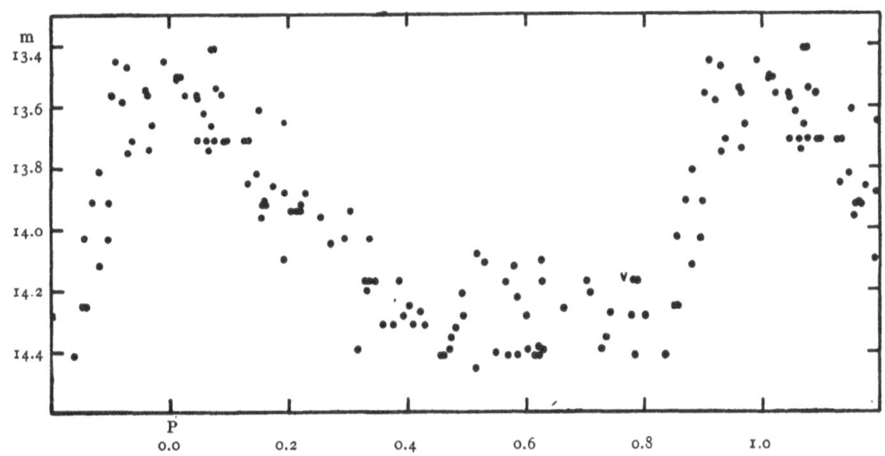

437.1936 Sagittae; 170 mm-Triplet

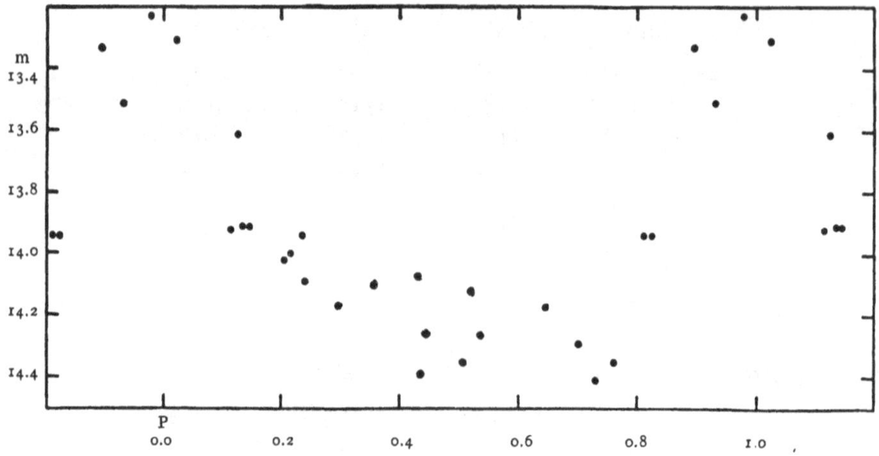

437.1936 Sagittae (400 mm-Astrograph)

3376. 140.1940 Sge Algol-Stern; $13^{m}9$—$15^{m}9$:

$m = 2429071.474 + 2.09290 \cdot E$

$A_1 = 2^{m}0$: $A_2 = 0^{m}0$: $D = 0^{p}09$: $d = 0^{p}00$:

Min.	Gr.	E	$B—R$
2429071.472	[$15^{m}8$	0	—0.002
9496.400	14.4:	203	+0.067
9726.601	[14.4	313	+0.049
2430197.447	[15.0	538	—0.007
0578.418	14.5:	720	+0.056
0963.436	15.8	904	—0.020
5695.498	15.0:	3165	—0.004
6306.565	[14.4	3457	—0.064
6457.356	[14.4	3529	+0.038

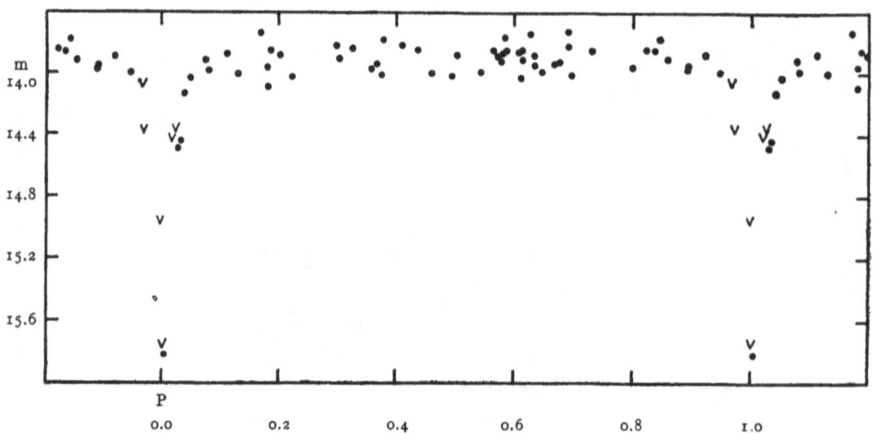

140.1940 Sagittae

Die Bearbeitung war infolge der Nachbarschaft eines Sterns 14. Größe, von dem der Veränderliche auf den meisten Platten des 170 mm-Triplets nicht sicher zu trennen war, erschwert. Der Veränderliche wird im Minimum möglicherweise noch etwas schwächer als 15^m9.

3377. **142.1940 Sge** Unregelmäßig; 14^m3—14^m4 (40 cm-Astrograph, Matter)
13^m9— 14^m4: (17 cm-Triplet, Kranz Ultra)

Es handelt sich infolge sehr geringen Lichtwechsels um ein sehr schwieriges Objekt. Eine zweimalige Durchschätzung desselben Plattenmaterials ergab folgendes: Die Helligkeit liegt die meiste Zeit über fast konstant bei 13^m97 (17 cm-Triplet, Kranz Ultra), bzw. 14^m16 (17 cm-Triplet, Agfa Astro), bzw. 14^m32 (40 cm-Astrograph, Matter). Die Helligkeit scheint zeitweise in Wellen von mehreren hundert Tagen Länge und stets weniger als 0^m2 Amplitude um den Mittelwert zu pendeln. Es ist nicht ausgeschlossen, daß auch rasche Änderungen geringen Betrages (vor allem Schwächungen) vorkommen. Die Helligkeit schwankt danach auf Kranz-Ultra-Platten zwischen 13^m9 und 14^m1. Eine einzige Kranz-Ultra-Platte (bemerkenswerterweise nicht die Entdeckungsplatte!) zeigt den Stern deutlich bei 14^m38 (2429169.322), wohingegen die Helligkeit 2 Tage vorher zu 13^m84 bestimmt wurde. Auch eine Matterplatte vom Datum 2429168.368 zeigt den Stern hell. Möglicherweise handelt es sich um einen Vertreter der Algolähnlichen (BO Cephei usw.). Die Aufnahmen vom Palomar Atlas zeigen den Stern schwach gefärbt (Farbenindex knapp $+1^m$).

3378. **440.1936 Sge** Algol-Stern; 14^m5—14^m9

$$m_1 = 2427543.555 + 0.6420055 \cdot E \ (?)$$

$$A_1 = 0^m4 \quad A_2 = 0^m4 \quad D = 0^p05 \quad d = 0^p00$$

Min.	Gr.	E	$B—R$
2427543.564	15^m0	0	+0.009
8432.404	14.9	1384.5	—0.008
9374.558	15.0	2852	+0.003
2430166.465	15.0:	4085.5	—0.003
0958.382	15.0	5319	0.000
1318.548	15.0	5880	+0.001

Auf den Platten des 170 mm-Triplets beträgt infolge der langen Belichtungszeit die Amplitude nur 0^m3.

Möglicherweise ist die Periode zu halbieren; in diesem Falle fällt das Nebenminimum weg. Infolge der kleinen Amplitude und der geringen Anzahl beobachteter Minima sind die Elemente noch unsicher.

3379. **143.1940 Sge** UU Herculis-Stern; 13^m3—14^m4

$$\text{I } M = 2427578.0 + 67.8 \cdot E \quad (0 \leqq E \leqq 8)$$

$$\text{II } M = 2428134.4 + 72.7 \cdot (E—8) \quad (8 \leqq E \leqq 36)$$

$$\text{III } M = 2420156.0 + 84.4 \cdot (E—36) \quad (36 \leqq E \leqq 46)$$

Max.	Gr.	E	$B-R$
2427574	13^m35	0	− 4
7649	13.7	1	+ 3
7717	13.35	2	+ 3
7914:	13.4:	5	− 3
7987	13.75	6	+ 2
8338	13.5	11	0
9137	13.55	22	− 1
9418:	13.95:	26	−11
9513:	14.0	27	+11
2430156	13.3:	36	0
0412:	13.5:	39	+ 3
0482:	13.6:	40	−12
0590	13.75	41	+12
0832	13.65	44	+ 1
0917	13.8	45	+ 1
0996	13.7	46	− 4

Der Stern wurde von HOFFMEISTER als „kurzperiodisch?" angezeigt. Ob die obigen Elemente exakt sind, hängt davon ab, inwieweit die Epochenzählung in der Beobachtungslücke zwischen $E = 27$ und $E = 36$ richtig überbrückt wurde. Der Lichtwechsel ist gekennzeichnet durch Wellen von 0^m1 bis 0^m8 Amplitude. Die Maxima sind besser ausgeprägt als die Minima. Hohe und tiefe Maxima wechseln oftmals miteinander ab. Diesem rascheren Lichtwechsel ist ein sehr langsamer überlagert, indem die mittlere Helligkeit des Veränderlichen im gesamten Beobachtungszeitraum im langsamen Absinken begriffen ist. Zu Beginn (2427600) liegt sie bei etwa 13^m6, um bis 2429400 auf 13^m9 abzufallen. Dann bleibt sie bis ungefähr 2433500 ziemlich konstant und fällt bis 2436000 auf etwa 14^m0 ab. Der Palomar Sky Atlas zeigt den Stern im Roten etwa 1^m bis 2^m heller als im Blauen.

3380. **VY Vul** β Lyrae-Stern; 14^m2—15^m1

$$m_1 = 2428020.452 + 0.8843484 \cdot E$$
$$A_1 = 0^m9 \quad A_2 = 0^m2:$$

Die Lichtkurve dieses von REINMUTH entdeckten Veränderlichen zeigt im Gebiet der Phase $0^p4 \ldots 0^p7$ eine erhebliche Streuung der Einzelpunkte, die auf eine veränderliche Lage des Nebenminimums hinzudeuten scheint.

Min.	Gr.	E	$B-R$	Anm.
2418944.4	—	−10263	0.0	1
2427638.464	14^m6	− 432	+0.051	2
8020.416	14.9	0	−0.036	2
8067.324	[14.5	+ 53	+0.002	2
8248.622	14.9:	258	+0.008	2
8403.390	[14.5	433	+0.015	2
8747.419	[14.5	822	+0.033	2
9075.500	[14.9	1193	+0.020	2
9106.431	[15.1	+ 1228	−0.001	2

Min.	Gr.	E	B—R	Anm.
2429457.512	[14^{m}9	+ 1625	—0.006	2
9496.396	14.7	1669	—0.033	2
9809.448	14.6	2023	—0.041	2
9817.472	15.1	2032	+0.024	2
9824.508	15.0	2040	—0.015	2
2430308.272	15.0	2587	+0.011	2
0442.618	14.6	2739	—0.064	2
0466.558	[15.1	2766	—0.002	2
0520.475	15.1	2827	—0.030	2
0582.404	14.8	2897	—0.005	2
0589.488	[14.5	2905	+0.004	2
0636.360	[14.9	2958	+0.005	2
0705.267	[14.9	3036	—0.067	2
0818.589	14.6	3164	+0.059	2
0903.459	14.8	3260	+0.031	2
1019.251	14.9:	3391	—0.025	2
1231.498	[14.5	3631	—0.023	2
1255.457	14.9:	+ 3658	+0.059	2

Anm.: 1 = Reinmuth, 2 = Richter

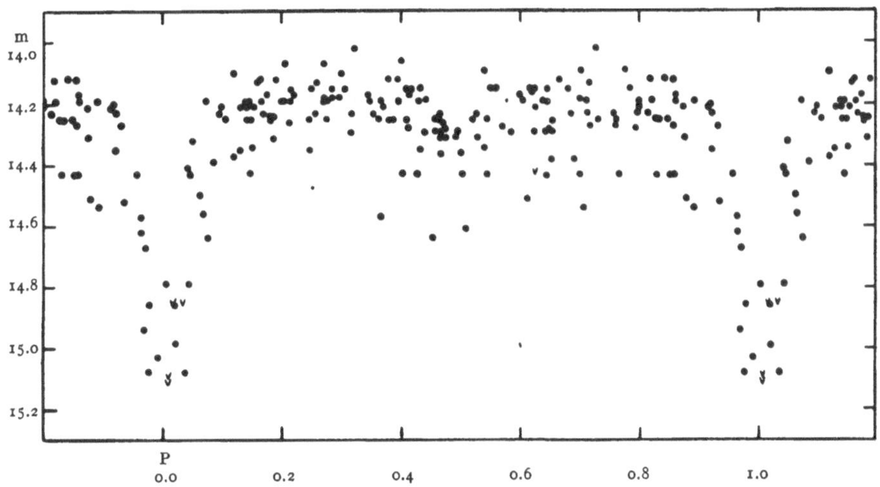

VY Vulpeculae

Feld γ Sagittae

Zusätzliche Sterne aus Platten des Astrographen 400/1600 mm

G. Richter

3381. 354.1943 **Vul** Mira-Stern; 15^{m}2—[17^{m}1

$M = 2429141 + 212.4 \cdot E$

Max.	Gr.	E	$B-R$
2427654:	$16^m.0$	− 7	0
8717:	15.9	− 2	+1
9142	15.4	0	+1
9560:	15.7:	+ 2	−6
9785	15.6	3	+7
2430200:	15.6	5	−3
0835:	15.7	8	−4
2117:	15.2	+ 14	+2

Das Minimum liegt wahrscheinlich nicht tief unter $17^m.0$, so daß die Amplitude vermutlich 2^m bis $2^m.5$ beträgt.

Auf Kranz-Ultra-Platten ist der Veränderliche um ca. $0^m.1$ heller als auf Matterplatten.

3382. 356.1943 Sge Bedeckungsveränderlicher; 15^m8—$16^m.8$

$m_1 = 2429777.450 + 2.65094 \cdot E$ (?)

$A_1 = 1^m.0 \quad A_2 = 0^m.15$:

Min.	Gr.	E	$B-R$
2428046.364	$16^m.5$:	− 653	−0.022
9162.321	16.7:	− 232	−0.111
9777.455	17.1:	0	+0.005
2430225.440	[16.1	+ 169	−0.019
0530.469	16.6:	284	+0.152
1296.417	16.4:	573	−0.022
6073.444	[16.8	+ 2375	+0.011

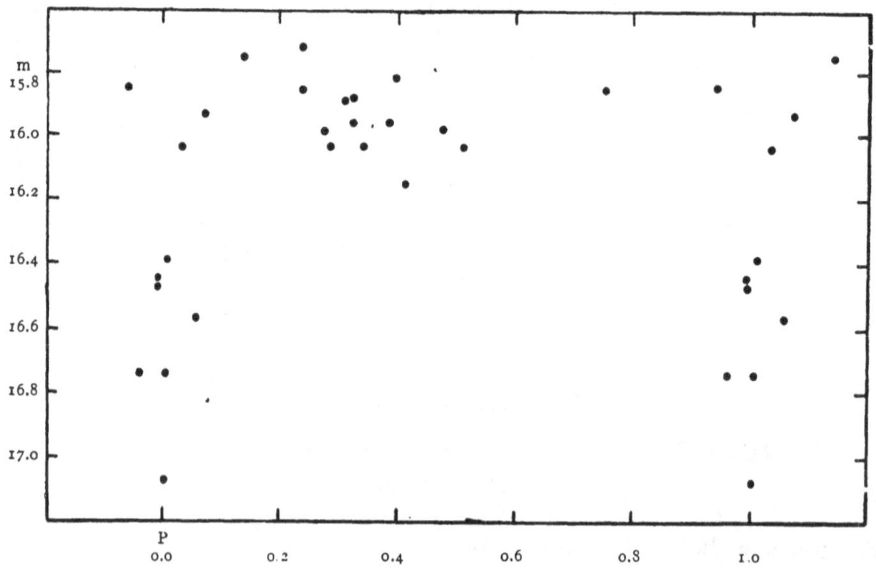

356.1943 Sagittae

Infolge Lichtschwäche konnten nur die Platten des 400 mm-Astrographen (und 3 Platten vom 170 mm-Triplet) verwendet werden. Das Beobachtungsmaterial ist daher zu gering, um die Richtigkeit der abgeleiteten Elemente verbürgen zu können.

3383. 358.1943 **Vul** β Lyrae-Stern; $11^{m}8$—$12^{m}2$

$m_1 = 2428750.459 + 2.822084 \cdot E$

$A_1 = 0^{m}4 \quad A_2 = 0^{m}2$

Min.	Gr.	E	$B-R$
2428403.394	$12^{m}2$	− 123	+0.051
8750.512	12.3	0	+0.053
9114.452	12.2	+ 129	−0.056
9169.280	12.2	158	−0.068
9546.282	12.2	282	−0.005
2430260.323	12.3	535	+0.049
0308.272	12.2	552	+0.023
0412.646	12.3	589	−0.020
0940.429	12.3	776	+0.033
1318.548	12.2	910	−0.007
6378.517	12.2:	2703	−0.035
6395.485	12.2	+ 2709	0.000

Der Stern wurde von Hoffmeister als Algolstern angezeigt. Der von Erleksowa [AZ UdSSR 171, 24 (1956)] vermutete unregelmäßige Lichtwechsel konnte nicht bestätigt werden.

Der Stern liegt außerhalb des eigentlichen Feldes. Für die Zeichnung der Lichtkurve wurden die Platten des 400 mm-Astrographen, fast 250 Platten vom 140 mm-Triplet und zur Ableitung der Elemente außerdem noch Tessar-Platten von der Himmelsüberwachung herangezogen.

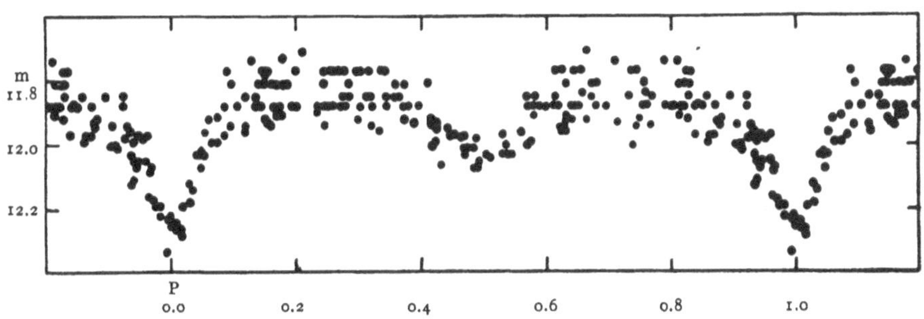

358.1943 Vulpeculae

3384. 359.1943 **Aql** Algol-Stern; $15^{m}3$—$16^{m}7$:

$m_1 = 2430200.547 + 5.22580 \cdot E$

$A_1 = 1^{m}4\colon \quad A_2 \leqq 0^{m}2 \quad D = 0^{P}10\colon \quad d = 0^{P}00\,?$

Infolge Randnähe, Lichtschwäche und Fehlens geeigneter Vergleichsterne streuen die Einzelschätzungen sehr stark.

Min.	Gr.	E	$B—R$
2429453.424	15^m9:	—143	+0.166
9808.442	[15.7	— 75	—0.170
2430200.512	[16.3	0	—0.035
0545.443	[15.7	+ 66	—0.007
0545.446	[16.3	66	—0.004
0848.512	[16.5	124	—0.034
0958.382	16.3	145	+0.094
0963.436	16.6	146	—0.078
1240.512	[15.7	+199	+0.031

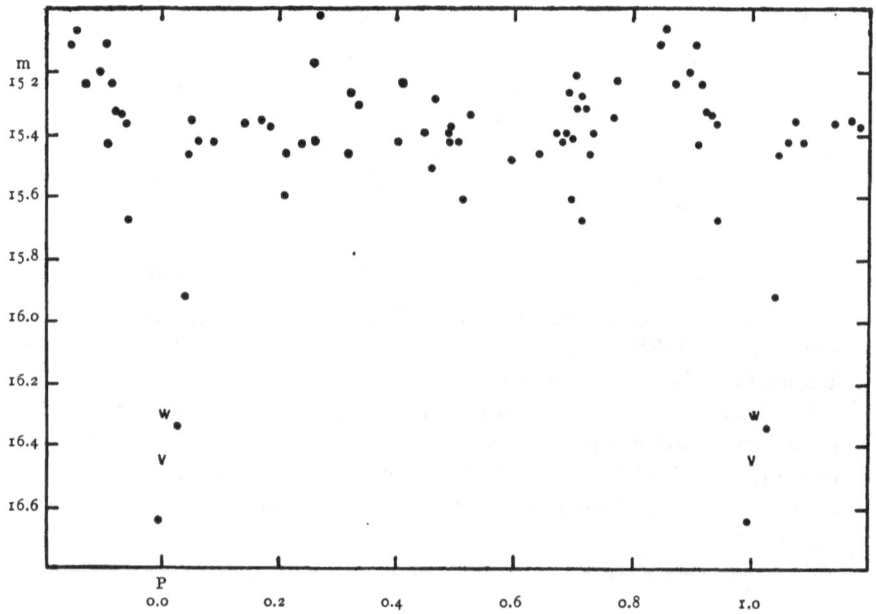

359.1943 Aquilae

3385. 361.1943 Sge Algol-Stern; $15^m.2$—$16^m.3$:

$m = 2429765.549 + 1.363415 \cdot E$

$A_1 = 1^m.2$: $A_2 = 0^m.0$ $D = 0^p.09$ $d = 0^p.00$

Min.	Gr.	E	$B—R$
2429168.368	15^m7:	—438	—0.005
9765.549	16.5:	0	0.000
2430530.469	15.5::	+561	+0.044
1318.478	16.2	+1139	—0.001[1])

[1]) aus Aufnahmereihe abgeleitet.

Der Veränderliche konnte nur auf insgesamt 27 Platten des 400 mm-Astrographen nachgesehen werden, so daß die aus den 4 Schwächungen abgeleiteten Elemente noch unsicher sind. Auf einer einzigen, 0.17 Tage dauernden Reihe von 5 Aufnahmen wurde das gesamte Minimum erfaßt. Sowohl diese Reihe als auch die mittlere Lichtkurve liefern den obigen Wert von D.

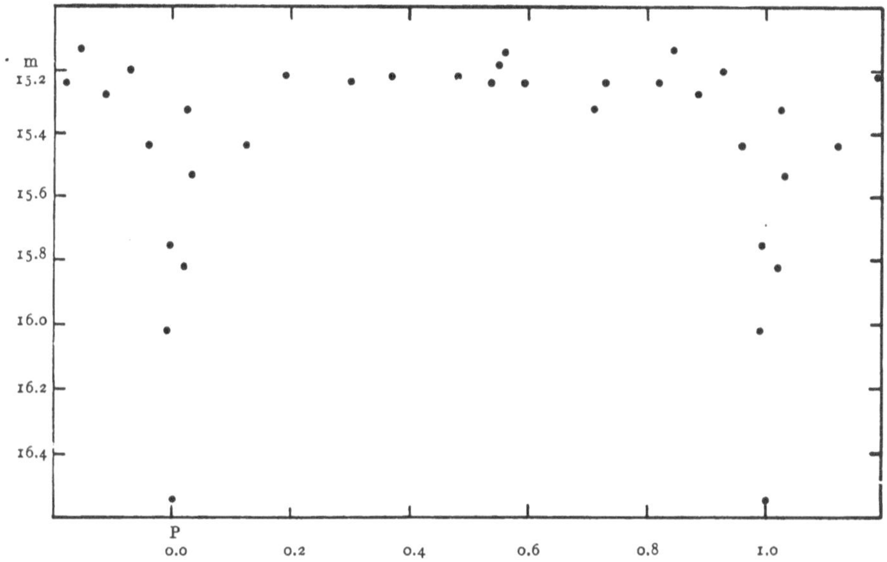

361.1943 Sagittae

3386. 26.1928 Sge RW Aurigae-ähnlich; $13^{m}_{.}7$—$15^{m}_{.}0$

Dieser von Baade entdeckte und als R CrB-Stern angezeigte Veränderliche konnte zum Teil zusätzlich auf Platten des 140 mm-Triplets verfolgt werden. Er zeigt einen sehr merkwürdigen Lichtwechsel, der große Ähnlichkeit mit dem von T Orionis, YZ Cephei, XY Persei und WW Vulpeculae hat. Auch ist er, wie diese, weiß (auf orthochromatischen und blauempfindlichen Platten ist er gleichhell). Zwei Arten von Lichtwechsel überlagern sich: 1. Das oft 200 Tage, manchmal vielleicht noch länger dauernde helle Normallicht ändert im Laufe von Jahren seine Helligkeit wellenförmig zwischen $13^{m}8$ und $14^{m}0$. Die Länge der Wellen beträgt einige Jahre. 2. Das Normallicht wird von wenige Tage bis mehrere Monate währenden Schwächungen unterbrochen, die zeitweise an Algol- oder R CrB-Lichtwechsel erinnern. Die tiefsten Minima liegen bei $14^{m}_{.}7$, eine gute Einzelplatte zeigt den Stern sogar bei $15^{m}_{.}0$. Die größte beobachtete Helligkeitsänderung ist ein Helligkeitsanstieg von $14^{m}_{.}5$ auf $13^{m}_{.}7$ innerhalb von 3 Tagen. Auch kurzdauernde schwache Erhellungen über das Normallicht kommen vor. 59 visuelle Beobachtungen aus dem Zeitraum 2436792 bis 2436876 zeigen den Veränderlichen stets im hellen Licht mit geringen Fluktuationen von 3 Stufen Amplitude. Rot- und Blauaufnahme vom Palomar Sky Atlas zeigen keinen Helligkeitsunterschied.

Der Veränderliche ist nach Cholopow, AJ UdSSR 36, 295 (1959) Mitglied einer T-Assoziation.

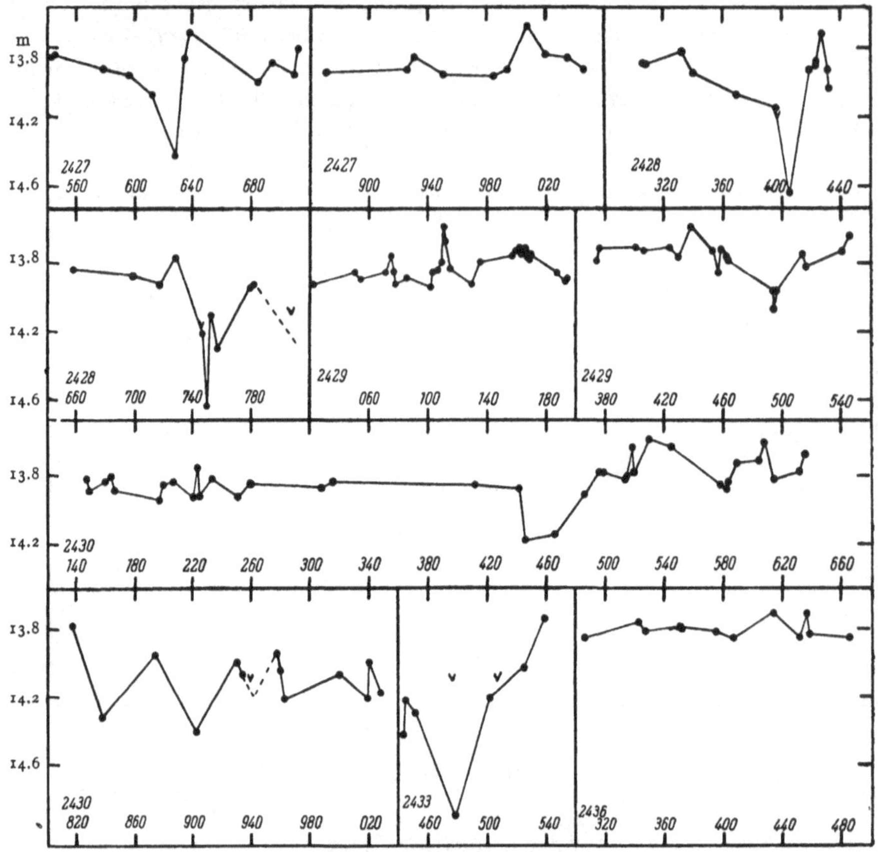

26.1928 Sagittae

3387. 11.1928 Sge W Ursae Maioris-Stern; 14ᵐ0—14ᵐ8 vis.

$m_1 = 2436724.419 + 0.3882480 \cdot E$

$A_1 = 0^m\!.8 \quad A_2 = 0^m\!.6$ (vis.)

Photographische Beobachtungen

Min.	Gr.	*E*	*B—R*	Anm.
2427569.510	$14^m\!.4$	—23580	—0.021	
7926.542	14.3:	22660.5	+0.017	
8333.447	14.3	21612.5	+0.038	
9022.558	14.5:	19837.5	+0.009	
9102.536	14.6	19631.5	+0.008	1
9169.322	14.4	19459.5	+0.015	
9407.517	14.3	18846	+0.020	
9496.400	14.4	18617	—0.006	
9627.224	14.3:	18280	—0.022	
9785.472	14.4:	17872.5	+0.015	
9817.476	14.4:	—17790	—0.011	

Min.	Gr.	E	$B-R$	Anm.
2430200.512	14ᵐ4:	—16803.5	+0.018	
0412.646	14.6:	16257	—0.025	1
0496.509	14.4:	16041	—0.024	
0545.443	14.4	15915	—0.009	
0874.478	14.4	15067.5	—0.014	
1318.412	14.4:	13924	—0.042	
1318.460	14.5	13924	+0.006	1
6426.418	14.5:	767.5	—0.021	
6452.453	14.3	— 700.5	+0.002	

Anm.: 1 = 400 mm-Astrograph, sonst 170 mm- oder 140 mm-Triplet.

Visuelle Beobachtungen

Min.		E	$B-R$
2436722.474	±0.010	— 5	—0.004
6723.442	10	— 2.5	—0.006
6724.417	5	0	—0.002
6754.509	5	+ 77.5	+0.001
6755.476	3	80	—0.003
6757.413	5	85	—0.007
6760.523	3	93	—0.003
6763.440	5	100.5	+0.002
6778.392	10	139	+0.007
6788.482	3	165	+0.002
6789.450	5	167.5	—0.001
6791.387	10	172.5	—0.005
6792.362	5	175	0.000
6819.346	5	244.5	0.000
6819.541	3	245	+0.001
6820.314	10	247	—0.002
6820.515	5	247.5	+0.005
6821.482	3	250	+0.001
6822.450	5	252.5	—0.002
6823.430	5	255	+0.008
6847.298	5	316.5	—0.001
6847.502	5	317	+0.008
6848.265	10	319	—0.005
6848.464	5	319.5	0.000
6849.434	5	322	—0.001
6850.409	5	+324.5	+0.004

Die Bearbeitung des Veränderlichen war sowohl photographisch als auch visuell (499 Beobachtungen) durch die unmittelbare Nachbarschaft von γ Sge erschwert. Die oben angegebenen Elemente beziehen sich auf visuelle Beobachtungen. Die photographischen Aufnahmen zeigen die Minima infolge der langen Belichtungszeit stark abgeflacht:

	Belichtungszeit	Lichtwechsel-bereich	A_1	A_2
400 mm-Astrograph:	60 bis 90 Min.	14^m0—14^m6	0^m6	0^m6:
170 mm- od. 140 mm-Triplet:	120 bis 180 Min.	14^m0—14^m4	0^m4	0^m4

9.5 mm in der Lichtkurve entsprechen etwa 0^m2.

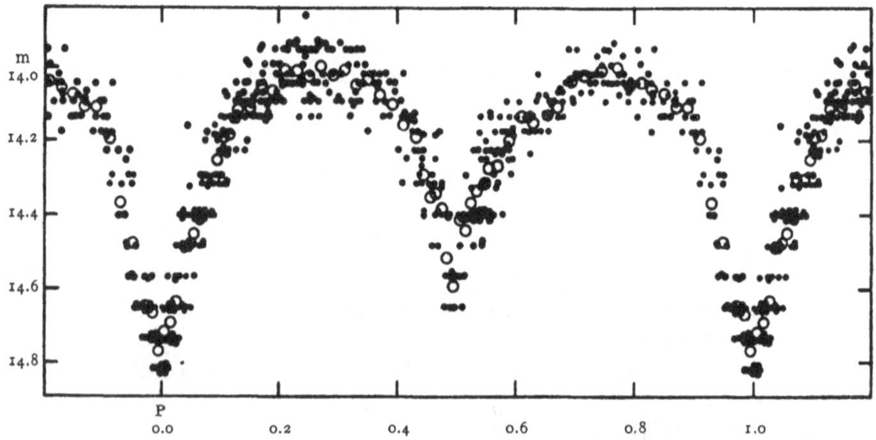

11.1928 Sagittae (vis. Beob.)

3388. 364.1943 Sge Unveränderlich?; 13^m8

Die beobachteten Helligkeiten schwanken auf 27 Platten des 400 mm-Astrographen zwischen 13^m6 und 13^m9 mit einer einzigen Ausnahme (243 1296.454), die den Stern bei 14^m15 zeigt. Auf den Platten des 170 mm-Triplets ist die Streuung der Helligkeiten noch etwas geringer. Eine Veränderlichkeit des Sternes ist somit nicht sicher erwiesen. Nach den beiden Aufnahmen des Palomar Sky Atlas ist der Stern ungefärbt.

3389. 365.1943 Sge Mira-Stern; 15^m2—[16^m8

$M = 2429194 + 346 \cdot E$

Max.	Gr.	E	$B—R$
2429193	15^m2:	0	—1
9880	15.2:	2	—6
2430230	15.3:	3	—2
0586	15.3:	4	+8
0930:	15:	5	+6
6460:	15:	21	0

Auf den meisten Platten ist der Stern unsichtbar. Der Farbenindex beträgt nach den Aufnahmen des Palomar Sky Atlas etwa $+3^m$. Die Periode braucht nicht geteilt zu werden.

3390. 366.1943 **Vul** RR Lyrae-Stern; 13^m8—15^m0

$M = 2427628.505 + 0.3572594 \cdot E$

$M{-}m = 0^d08$ Typus: RRb

Max.	Gr.	E	B—R	Anm.
2427579.541	14^m2:	— 137	—0.019	2
7628.505	14.2	0	0.000	2
8757.476	14.2	+ 3160	+0.031	2
9102.536	13.9	4126	—0.021	1
9877.453	14.2	6295	0.000	2
2430166.465	14.2	7104	—0.011	2
0225.440	13.9	7269	+0.016	1
0234.383	14.2:	7294	+0.028	2
0848.512	13.9	9013	+0.028	1
1000.319	14.2	9438	0.000	2
1019.252	14.0:	9491	—0.002	2
3539.359	13.9	16545	—0.003	1
6452.453	14.2	+24699	—0.002	2

Anm.: 1 = Blauplatten (Matter, Agfa Astro)

2 = schwach orthochromatische Platten (Kranz Ultra, Agfa Astro Spezial)

Auf schwach orthochromatischen Platten schwankt die Helligkeit zwischen 14^m1 und 15^m1.

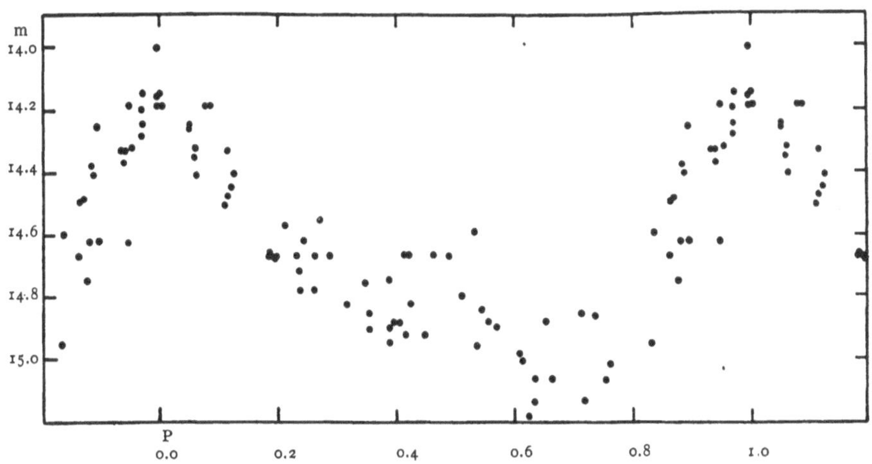

366.1943 Sagittae (Kranz-Ultra- und Agfa-Astro-Spezial-Platten)

3391. **DE Sge** Algol-Stern; 11^m9—13^m6

$m = 2428717.445 + 2.872067 \cdot E$

$A_1 = 1^m7$ $A_2 = 0^m0$ $D = 0^p10$ $d = 0^p00$

Eine ausführliche Beschreibung des Lichtwechsels mit Angaben über die beobachteten Minima erfolgte bereits in den MVS 402.

3392. 370.1943 Aql Halbregelmäßig; $12^{m}3$—$13^{m}4$

$$m_{I} = 2427304 + 42.68 \cdot E \quad (2427304 \text{ bis } 2428798)$$
$$m_{II} = 2429028 + 42.24 \cdot E \quad (2429028 \text{ bis } 2433463)$$
$$M_{I} = 2427322 + 42.68 \cdot E \quad (2426981 \text{ bis } 2428779)$$
$$M_{II} = 2429048 + 42.24 \cdot E \quad (2429048 \text{ bis } 2435680)$$
$$M{-}m \approx 19^{d}$$

Für diesen Veränderlichen liegen Aufnahmen vom 400 mm-Astrographen, 170 mm-Triplet und vom 140 mm-Triplet vor. Minima und Maxima lassen sich durch zwei Elementensysteme darstellen, bei deren Ablösung ein Epochensprung von nahezu P/2 stattfindet. Minima und Maxima sind etwa gleich gut definiert, die Minima vielleicht etwas besser. Die Amplitude der einzelnen Wellen ist nahezu konstant und liegt zwischen $0^{m}7$ und $0^{m}8$, doch ist die mittlere Helligkeit einer ganz langsamen Änderung unterworfen. Während sich im Zeitraum 2426928 bis 2430705 der Lichtwechsel stets zwischen $12^{m}3$ und $13^{m}1$ abspielt, fällt die Helligkeit langsam ab, um von 2433095 bis 3183 zwischen $12^{m}7$: und $13^{m}4$ zu schwanken. Danach steigt sie wieder etwas an. Seit 2434957 streut die Helligkeit meist nur gering um den Wert $12^{m}9$, was möglicherweise daran liegt, daß die wenigen vorliegenden Beobachtungen zufällig (mit einer Ausnahme) keine Maxima und Minima erfassen. Der Veränderliche ist nicht merklich gefärbt.

Zessewitsch [AZ UdSSR **122**, 7 (1952)] gibt auf Grund von 16 Platten Helligkeitsänderungen von $0^{m}2$ an.

Aus der Lichtkurve abgeleitete Maxima und Minima:

Min.	Gr.	E	$B—R$
2427305:	$13^{m}0$	0	+1
7349:	13.0::	1	+2
7391	13.1	2	+2
7645	13.0	8	0
7685	13.0	9	—3
7941:	13.0:	15	—3
8029	13.2	17	—1
8078:	13.1:	18	+6
8365	13.0	25	—6
8414:	13.0::	26	0
8756	13.1	34	+1
8797:	13.1::	35	—1
2429031:	13.0::	0	+3
9068:	13.0::	1	—2
9117	13.0	2	+5
9155	13.0	3	0
9451	13.0	10	+1
9493	13.1	11	0
9790:	13.0:	18	+2
9830:	13.0::	19	—1
9877	13.0	20	+4
9961:	13.1:	22	+4

Min.	Gr.	E	$B-R$
2430167:	$13^m.0$	27	−1
0257:	13.0	29	+4
0594:	12.9:	37	+3
0888:	13.2::	44	+1
0928	13.2	45	−1
0967	13.2	46	−4
1005	13.2	47	−8
3085:	13.4::	96	+2
3126	13.5:	97	+1
3160	13.5:	98	−8
3469	13.3	105	+6

Max.	Gr.	E	$B-R$
2426980:	$12^m.3$:	− 8	−1
7281:	12.4	− 1	+2
7330	12.4	0	+8
7366:	12.3:	+ 1	+1
7539	12.4	5	+4
7578:	12.4	6	0
7617	12.4	7	−4
7660	12.2	8	−3
7704	12.4	9	−2
7871:	12.4:	13	−6
7922:	12.3:	14	+2
8000	12.3	16	−5
8051	12.3	17	+3
8309	12.4:	23	+5
8343	12.4:	24	−3
8388:	12.4:	25	−1
8427	12.4	26	−5
8778	12.4	+ 34	+5
2429053:	12.4:	0	+5
9093	12.3	1	+3
9134	12.3	2	+2
9174	12.3	3	−1
9429	12.4	9	+1
9465	12.3	10	−5
9511:	12.4:	11	−2
9765	12.3	17	−1
9809	12.3	18	+1
9849:	12.3	19	−2
9896:	12.4:	20	+3
9980	12.3	22	+3
2430145	12.3	26	−1
0184:	12.3:	27	−4
0227	12.3	28	−4

Max.	Gr.	E	B—R
2430447:	12$^m_.$3	33	+5
0528:	12.3:	35	+2
0609	12.2	37	—2
0818:	12.4:	42	—4
1025	12.5	47	—8
3107:	12.7::	96	+4
3145:	12.7:	97	0
3177:	12.7:	98	—11
3447	12.5	104	+ 6
5695	12.3:	157	+15

3393. 371.1943 Aql β Lyrae-Stern (?); 13$^m_.$0—13^{m}4 phot.

$m_1 = 2436757.605 + 1.111392 \cdot E$

$A_1 = 0^m_.40 \quad A_2 = 0^m_.35$

Photographische Beobachtungen

Min.	Gr.	E	B—R
2426928.417	13$^m_.$5	—8844	—0.037
7931.529	13.3	7941.5	+0.044
8035.416	13.4	7848	+0.015
8074.319	13.4	7813	+0.020
8286.580	13.4	7622	+0.005
8340.474	13.3	7573.5	—0.004
8429.335	13.4	7493.5	—0.054
9162.321	13.4	6834	—0.031
9541.313	13.3	6493	—0.024
2430958.382	13.4	5218	+0.020
1318.464	13.4	4894	+0.011
4152.523	13.4	2344	+0.021
4191.447	13.4	2309	+0.046
4192.492	13.4	2308	—0.020
4211.434	13.4	—2291	+0.028

Visuelle Reihenbeobachtungen

Min.		E	B—R
2436755.380	± 0.040	— 2	—0.002
6757.616	30	0	+0.011
6760.370	30	+ 2.5	—0.013
6775.390	30	16	+0.003
6780.380	30	20.5	—0.009
6795.409	30	34	+0.017
6820.430	20	56.5	+0.031
6821.484	20	57.5	—0.026
6822.610	30	58.5	—0.011
6849.306	20	82.5	+0.011
6850.384	20	83.5	—0.022
6876.476	30	+107	—0.048

Infolge Randnähe waren die Platten vom 170 mm- und 140 mm-Triplet kaum zu verwenden. Dafür wurden zusätzlich Platten vom 140 mm-Tessar für die Ableitung der Elemente herangezogen. Außerdem liegen 413 visuelle Schätzungen vor.

Die visuelle Amplitude ist merklich kleiner als die photographische und beträgt nur etwa 0^m3. Es wurde daher zunächst RRc-Lichtwechsel vermutet. Die bessere Definition der Minima gegenüber den Maxima und die vermutlich etwas ungleiche Tiefe von Haupt- und Nebenminimum, die sowohl in der photographischen als auch in der visuellen Lichtkurve zum Ausdruck kommt, sprechen jedoch eher für den β Lyrae-Typ. Eine endgültige Entscheidung zwischen RR Lyrae und β Lyrae ist wohl nur auf spektroskopischem Weg möglich.

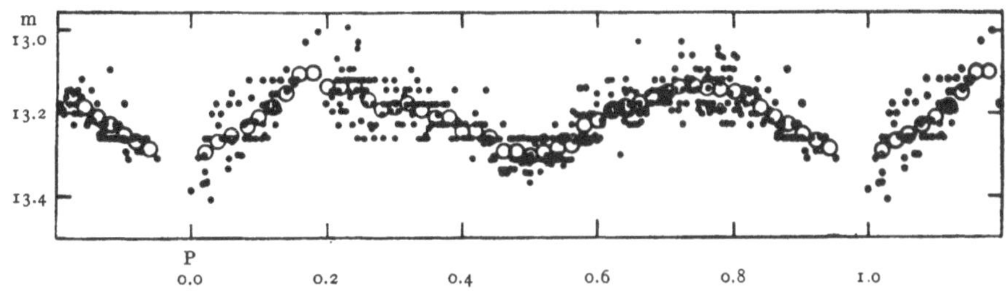

371.1943 Aquilae (vis. Beob.)

3394. 372.1943 Sge RR Lyrae-Stern; 14^m5—15^m4 phot.

$M = 2427950.534 + 0.5654824 \cdot E$

$M—m = 0^d.113$ Typus: RRa

Photographische Beobachtungen

Max.	Gr.	E	$B—R$
2427950.522	14^m5:	0	—0.012
9187.293	14.7:	2187	+0.049
9401.534	14.7:	2566	—0.028
9516.357	14.7	2769	+0.002
2430412.646	14.8:	4354	+0.002
0442.615	14.6:	4407	0.000
0583.419	14.6:	4656	—0.001
0958.382	14.7	5319	+0.047
0963.436	14.6	5328	+0.012
1318.548	14.8	5956	+0.001
3152.397	14.6:	9199	—0.010
3515.421	14.6:	9841	—0.025

Visuelle Reihenbeobachtungen

Max.		E	$B—R$
2436758.476	± 0.015	15576	—0.012
6763.590	20	15585	+0.013

Max.		E	B—R
2436788.462 ± 0.010		15629	+0.004
6792.421	20	15636	+0.004
6819.562	10	15684	+0.002
6822.380	20	15689	—0.007
6823.504	10	15691	—0.014
6847.283	10	15733	+0.014
6848.398	5	15735	—0.002

Für diesen Veränderlichen liegen 299 visuelle Schätzungen vor. Er war im schwachen Licht visuell nahe dem Schwellenwert und konnte nur bei sehr klarem Himmel gesehen werden. Die visuelle Lichtkurve zeigt daher eine größere Streuung. Die visuelle Amplitude ist mit ungefähr $0^{m}8$ nur wenig kleiner als die photographische.

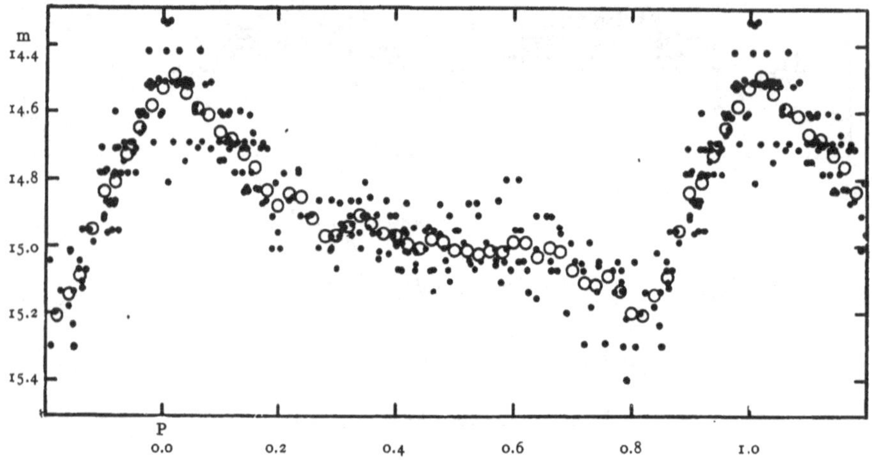

372.1943 Sagittae (vis. Beob.)

3395. **375.1943 Vul** Mira-Stern;]$15^{m}.0$—[$16^{m}.6$

$M = 2429548 + 281.9 \cdot E$ (?)

Max.	Gr.	E	B—R	Anm.
2427569::	$14^{m}.9$::	—7	— 6	A
8432::	15.4::	—4	+12	A
9541	14.8:	0	— 7	A
2430958	15.3	+5	0	GA
0960	15.0	5	+ 2	GA
0963	15.4	+5	+ 5	GA

Anm.: A = 170 mm-Triplet (Kranz-Ultra-Platten)
GA = 400 mm-Astrograph (Matter-Platten)

Die oben angegebenen (B—R)-Werte beziehen sich auf Einzelplatten. Es wurden insgesamt nur diese 6 Aufhellungen beobachtet, von denen die ersten beiden unsicher sind und möglicherweise Plattenfehler sein können. Auf den meisten Platten ist der Stern unsichtbar. Die obigen Elemente sind daher unsicher. Die Minimalhelligkeit scheint erheblich unter 16^m6 zu liegen. Der Farbenindex beträgt nach dem Palomar Sky Atlas etwa $+3^m$ bis $+4^m$.

3396. 377.1943 Sge Novaähnlich; 10^m3—13^m7

Eine Kennzeichnung des Lichtwechsels dieses überaus seltsamen, von HOFFMEISTER entdeckten Veränderlichen erschien bereits in MVS 414. Eine ausführliche Behandlung wurde in AN **285**, 274 (1960) gegeben. 780 Platten aus dem Zeitraum 2425502 bis 2436724, 108 visuelle Schätzungen aus dem Jahre 1959 und mir brieflich mitgeteilte Schätzungen von J. ASHBROOK (Harvard-Platten) und G. JACKISCH (Heidelberger Platten), die bis zum Jahre 1890 zurückreichen, zeigen in den vergangenen 70 Jahren einen fast ununterbrochenen, nahezu linearen Helligkeitsanstieg von 3^m4. Diesem sind geringe unregelmäßige Schwankungen überlagert. Das Spektrum ist Bepv.

3397. 379.1943 Vul Mira-Stern; 14^m4—16^m5:

$M = 2427626 + 124.0 \cdot E$

Max.	Gr.	E	$B—R$
2427617	14^m4	0	— 9
8011	14.6	3	+13
8379	14.7	6	+ 9
9113	14.9	12	— 1
9360:	14.6:	14	— 2:
9490	14.4	15	+ 4
9726:	14.7:	17	— 8:
9858	14.7	18	0
9988:	14.7:	19	+ 6:
2430214	14.6	21	—16
0466:	14.7:	23	—12:
0604	14.4	24	+ 2
0856:	14.6:	26	+ 6:
0970	14.7:	27	— 4
3455:	14.7:	47	+ 1:
6306:	14.7:	70	0:

Auf- und Abstieg erfolgen nahezu symmetrisch. Auf der Rotaufnahme des Palomar Atlas ist der Veränderliche etwa 2^m heller als auf der Blauaufnahme.

3398: 380.1943 Sge μ Cephei-Stern; 13^m4—14^m7

Die Bearbeitung des Veränderlichen wurde sehr erschwert durch einen südwestlich liegenden Begleiter, der meist vom Veränderlichen nicht sicher zu trennen war. Der Lichtwechsel ist gekennzeichnet durch Wellen von etwa 80 bis 200 Tagen Länge und von beliebig kleiner bis 1^m3 Amplitude. Stillstände sind höchstens bis zu 60 Tagen Länge beobachtet, und zwar im mittleren Licht (etwa bei 14^m1). Die geringeren Helligkeiten werden gegenüber den größeren etwas bevorzugt. Die raschesten Helligkeitsänderungen betragen:

1^m1 in 64 Tagen, 1^m0 in 34 Tagen, 0^m5 in 15 Tagen. Auf den schwach orthochromatischen Kranz-Ultra-Platten ist der Veränderliche um ca. 0^m2 heller als auf Matterplatten, auf der Rotaufnahme des Palomar Sky Atlas um etwa eine Größenklasse heller als auf der Blauaufnahme.

3399. **CX Sge** Mira-Stern; 14^m0—[17^m1

$M = 2428444 + 341.0 \cdot E$

Max.	Gr.	E	$B—R$
2428431	14^m0	0	—13
9145	14.8	2	+19
9476	14.3	3	+ 9
9798	14.4	4	—10
2430152	14.7	5	+ 3
0482	14.4	6	— 8
0837	14.8	7	+ 6

Die Maxima sind sehr spitz. Die Minima liegen vermutlich zwischen 18^m und 20^m. Der Veränderliche ist sehr rot. Auf den schwach orthochromatischen Kranz-Ultra-Platten ist er um ca. 0^m8 heller als auf den blauempfindlichen Matter-Platten. Der Palomar Sky Atlas deutet auf einen Farbenindex von etwa 2^m hin.

3400. **384.1943 Sge** Halbregelmäßig; 13^m9—14^m6

$M = 2429842 + 148 \cdot E$ (:)

Max.	Gr.	E	$B—R$
2429077:	14^m0:	— 5	—25:
9854	14.0	0	+12
2430619	14.0	+ 5	+37
0870:	14.0:	7	— 8:
1290	13.9	+ 10	—32

Der Stern steht außerhalb des eigentlichen Feldes. Da zur Bearbeitung nur die Platten des 40 cm-Astrographen (einschließlich des Nachbarfeldes β Delphini) benutzt werden konnten, sind insgesamt nur 36 Tage des Zeitraums 2429054 bis 2431318 durch überdies sehr randnahe Beobachtungen gedeckt. Über den Lichtwechsel läßt sich daher nur wenig aussagen. Fest steht nur, daß die Länge der einzelnen Wellen (steiler Aufstieg zum Maximum, flacher Abstieg) in der Größenordnung 150^d liegt. Der Veränderliche ist auf der Rotaufnahme des Palomar Sky Atlas reichlich ½ Größenklasse heller als auf der Blauaufnahme.

3401. **CY Sge** Mira-Stern; 14^m7—[16^m6

$M = 2429787 + 262 \cdot E$

Max.	Gr.	E	$B—R$	Anm.
2429790	14^m7	0	+3	
2430566	14.7:	3	—7	
0836:	14.7::	4	+1	nur Abstieg beobachtet
1360:	14.7::	6	+1	nur Anstieg beobachtet

Infolge Randnähe konnte der Veränderliche nur auf den Vierlinser-Platten der Felder γ Sge und β Del beobachtet werden. Das Minimum liegt wahrscheinlich in der Nähe von 17^m. Die Rotaufnahme des Palomar Sky Atlas zeigt den Veränderlichen etwa 1^m heller als die Blauaufnahme.

3402. **CZ Sge** Algol-Stern; 14^m8—16^m2

$m_1 = 2430963.436 + 2.348202 \cdot E$

$A_1 = 1^m4 \quad A_2 = 0^m4 \quad D = 0^P17 \quad d = 0^P00$

Min.	Gr.	E	$B—R$	Anm.
2425527.298	15^m6:	—2315	—0.050	
5938.251	15.6:	2140	—0.033	
7274.463	15.7:	1571	+0.052	
7281.507	16.0:	1568	+0.052	
7666.479	15.6:	1404	—0.081	
9162.321	15.7	767	—0.044	
2430606.505	16.2	152	—0.004	R
0613.555	16.2	— 149	+0.001	R
0963.436	16.3	0	0.000	
3154.385	[15.6	+ 933	+0.077	
6075.431	[15.6	2177	—0.041	
6108.333	15.8:	+2191	—0.014	

Anm.: R = aus Reihenaufnahmen ermittelt

Infolge Lichtschwäche, Randnähe und Fehlens geeigneter Vergleichsterne schwierig zu beobachten. Der Veränderliche liegt im Bereich des Feldes β Del, dessen Platten (vor allem Reihenaufnahmen) für die Bestimmung der Elemente herangezogen wurden.

Bemerkenswert ist die starke Streuung im Bereich des Nebenminimums.

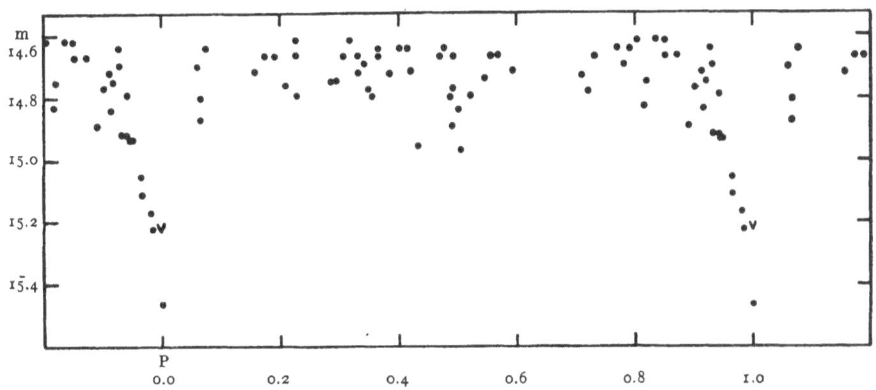

CZ Sagittae; 400 mm-Astrograph

3403. **S 5411 Vul** β Lyrae-Stern; 13^m0—13^m4 phot.

$m_1 = 2436763.375 + 2.417744 \cdot E$

$A_1 = 0^m40 \quad A_2 = 0^m40$

Für die Ableitung der Elemente wurden zusätzlich 365 visuelle Schätzungen gewonnen. Außerdem wurden zahlreiche Schätzungen auf Platten des 140 mm-Triplets und 140 mm-Tessars verwendet. Der Veränderliche wurde zufällig bei der Bearbeitung von 355.1936 Vul entdeckt (vgl. MVS 437).

Photographische Beobachtungen

Min.	Gr.	*E*	*B—R*
2428308.510	13ᵐ4:	—3497	—0.014
8747.423	13.4	3315.5	+0.078
8782.357	13.4:	3301	—0.045
9112.468	13.5	3164.5	+0.044
9193.353	13.4	3131	—0.066
9494.396	13.4	3006.5	—0.032
9726.601	13.3	2910.5	+0.070
2430114.553	13.5:	2750	—0.026
0496.509	13.4	2592	—0.074
0530.472	13.4:	2578	+0.041
0582.408	13.4:	2556.5	—0.004
0843.498	13.5:	2448.5	—0.031
0958.378	13.4	2401	+0.006
0958.382	13.3	2401	+0.010
2793.416	13.4	1642	—0.023
3476.447	13.5:	1359.5	—0.005
3539.359	13.4	1333.5	+0.046
3829.445	13.5	1213.5	+0.002
3835.447	13.4:	1211	—0.040
3858.474	13.4	1201.5	+0.018
3887.508	13.3	1189.5	+0.040
3927.372	13.4	1173	+0.011
3950.348	13.5:	—1163.5	+0.018

Visuelle Reihenbeobachtungen

Min.		*E*	*B—R*
2436758.504	± 0.050	— 2	—0.036
6763.369	15	0	—0.006
6775.479	50	+ 5	+0.015
6780.297	30	7	—0.002
6792.354	30	12	—0.034
6820.229	50	23.5	+0.037
6821.399	15	24	—0.002
6822.601	15	24.5	—0.009
6849.238	30	35.5	+0.033
6850.392	15	+ 36	—0.022

Sowohl die visuellen als auch die photographischen Beobachtungen zeigen, daß die Minima vermutlich nicht ganz symmetrisch liegen: Das Hauptminimum bei der Phase 0ᴾ990, das Nebenminimum bei 0ᴾ510. Es handelt sich um einen Übergangstypus Algol — β Lyrae.

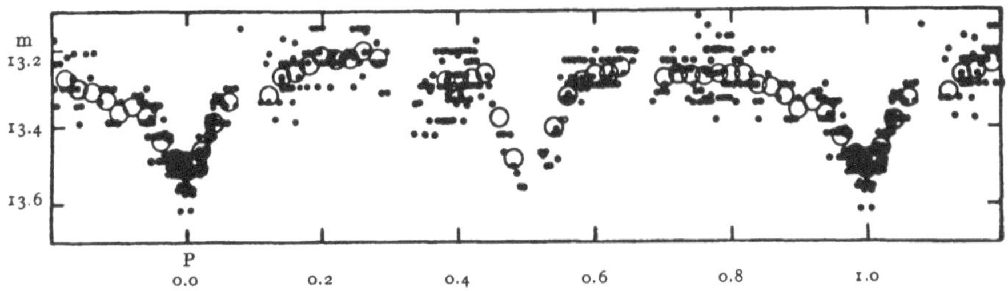

S 5411 Vulpeculae (vis. Beob.)

3404. **S 5409 Vul** μ Cephei-Stern; 14^m5—15^m1

Der Lichtwechsel ist gekennzeichnet durch völlig unperiodische und z. T. schlecht ausgeprägte Wellen von etwa 60 bis über 150 Tagen Länge und kleiner Amplitude (0^m2 bis 0^m6). Vermutlich treten zeitweise stufenförmige Änderungen auf. Gelegentlich scheinen Stillstände von über 100 Tagen Länge vorzukommen. Auf Kranz-Ultra-Platten ist der Veränderliche ca. 0^m2 heller. Nach dem Palomar Sky Atlas ist der Stern rot. Er wurde zufällig bei der Bearbeitung von DP Vul entdeckt (vgl. MVS 437).

3405. **S 5410 Vul** RR Lyrae-Stern (?); 15^m1—15^m4

Dieser Veränderliche wurde zufällig bei der Bearbeitung von DP Vul entdeckt (vgl. MVS 437). Er konnte wegen Lichtschwäche nur auf insgesamt 27 Platten des 400 mm-Vierlinsers beobachtet werden.

Max.	Gr.
2430225.440	15^m1
0412.646	15.1:
0958.382	15.2
1296.417	15.0

3406. **S 5412 Vul** W Ursae Maioris-Stern; 13^m88—14^m16 phot.

$$m_1 = 2436759.482 + 0.3320669 \cdot E$$

$$A_1 = 0^m28 \quad A_2 = 0^m28$$

Dieser Veränderliche wurde bei der Bearbeitung von 409.1936 Vul zufällig entdeckt. Umgebungskarte und Vergleichsternhelligkeiten siehe MVS 437. Für die Ableitung der Elemente wurden 355 visuelle Reihenbeobachtungen herangezogen. In der Lichtkurve sind die angegebenen Helligkeiten bezüglich Positionswinkelfehler korrigiert.

Photographische Beobachtungen

Min.	Gr.	*E*	*B—R*
2427612.513	14^m2:	—27545.5	—0.020
7635.442	14.3	27476.5	—0.004
7713.314	14.2	27242	—0.002
7926.542	14.2:	26600	+0.040
7985.452	14.2:	—26422.5	+0.008

Min.	Gr.	*E*	*B—R*
2428404.378	$14^m.2$:	—25161	+0.031
8432.404	14.2:	25076.5	—0.002
8750.516	14.2:	24118.5	—0.010
9407.517	14.2	22140	—0.004
9961.255	14.2:	20472.5	+0.013
2430166.465	14.2:	19854.5	+0.005
0200.512	14.2	19752	+0.015
0412.646	14.2	19113	—0.041
0496.509	14.2	18860.5	—0.025
0514.435	14.2:	18806.5	—0.031
0515.460	14.3	18803.5	—0.002
1296.470	14.2	16451.5	—0.013
6434.400	14.2	— 979	+0.011

Visuelle Reihenbeobachtungen

Min.		*E*	*B—R*
2436759.482	± 0.005	0	0.000
6760.475	5	3	—0.003
6763.460	10	12	—0.007
6773.448	20	42	+0.019
6774.424	20	45	—0.001
6775.420	10	48	—0.001
6778.390	20	57	—0.021
6780.400	10	63	—0.002
6787.391	10	84	+0.015
6788.378	10	87	+0.006
6788.534	5	87.5	—0.004
6791.379	20	96	+0.019
6792.370	20	99	+0.013
6795.494	10	108.5	—0.017
6802.335	20	129	+0.016
6819.434	10	180.5	+0.014
6819.584	10	181	—0.002
6820.425	5	183.5	+0.009
6820.580	10	184	—0.002
6821.424	5	186.5	+0.012
6821.565	10	187	—0.014
6822.412	5	189.5	+0.003
6822.566	10	190	—0.009
6823.411	10	192.5	+0.006
6823.561	10	193	—0.010
6847.323	5	264.5	+0.009
6847.480	10	265	0.000
6848.311	5	267.5	+0.001
6848.469	5	168	—0.007
6849.304	10	270.5	—0.002
6849.470	10	271	—0.002
6850.313	10	273.5	+0.011

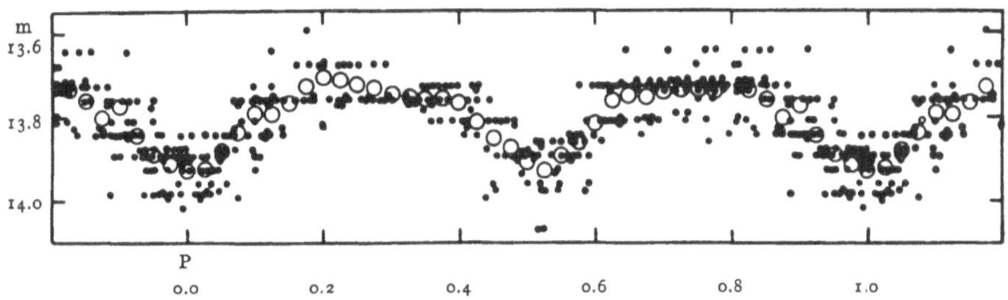

S 5412 Vulpeculae (vis. Beob.)

3407. S 5340 Sge Z Aquarii-Stern; 13^m9—15^m0

$$M = 2427929 + 203.0 \cdot E$$

Der Veränderliche wurde bei der Bearbeitung von 417.1936 Sge zufällig entdeckt. Ausführliche Beschreibung des Lichtwechsels siehe MVS 387.

1690. **V 657 Aql** Z Aquarii-Stern; 14^m6—16^m3

$$M = 2428397 + 368.8 \cdot E$$

Max.	Gr.	E	$B—R$	
2428402:	14^m9:	0	+ 5:	
9129	14.9	2	— 6	
9500	15.1	3	— 3	
2430240	14.6	5	— 1	
1030::	15.5	7	+51::	Nur Anstieg beobachtet
1350:	14.7	8	+ 3:	Nur Anstieg beobachtet

Weitere Einzelbeobachtungen bestätigen die Elemente, doch ist eine Halbierung der Periode nicht ausgeschlossen.

Dieser sowie der nachfolgende Veränderliche wurden im Feld γ Aquilae entdeckt, doch liegen sie im Bereich des Feldes γ Sagittae. (Es handelt sich um eine Neuuntersuchung der bereits von E. ROHLFS [VSS 1, Teil 3] bearbeiteten Sterne unter Zuhilfenahme der Platten vom Feld γ Sagittae, wobei die Platten vom 170 mm-Triplet wegen Lichtschwäche nur sehr bedingt zu verwenden waren.) Die Periode wird streng eingehalten, doch ist die Kurvenform stark veränderlich (insbesondere die Steilheit des Anstiegs). Im Zeitraum 2431316 bis 2431343 steigt die Helligkeit von 16^m1 auf 14^m8 an! Das Maximum $E = 7$ ist dagegen derart flach und breit, daß eine genaue Bestimmung seiner Lage nicht möglich ist, insbesondere auch, weil der Abstieg nicht beobachtet wurde.

1713. **V 678 Aql** UU Herculis-Stern; 14^m6—16^m1

$$M_1 = 2429723 + 120.6 \cdot E \ (E < 0)$$

$$M_2 = 2429723 + 142.0 \cdot E \ (E > 0)$$

Max.	Gr.	E	$B-R$
2427555::	14^m7:	−18	+ 3::
7670:	14.6	17	− 3:
8032	14.7	14	− 3
8398	14.7	11	+ 2:
9151:	14.7	5	+31:
9471	14.8	− 2	−11
9858	15.1	+ 1	− 7
2430014:	15.1:	2	+ 7:
0164	15.2:	3	+15:
0286	14.8	4	− 5
0434:	14.6	5	+ 1:
0573	14.6	6	− 2
0860	15.0	8	+ 1
0994	14.9	9	− 7
1339	14.6	+11	+54
3445	14.5:	?	?

Die Maxima sind meist spitz.
Die Amplitude der einzelnen Wellen beträgt 0^m5 bis 1^m1. Wellen kleinerer Amplitude sind hauptsächlich gekennzeichnet durch geringere Tiefe des Minimums. Wellen großer und kleiner Amplitude treten meist serienweise auf und wechseln nicht einander ab.

1871. **V 755 Aql** Algol-Stern; 14^m8—15^m8

$$m = 2429195.308 + 1.015963 \cdot E$$

$$A_1 = 1^m0 \quad A_2 = 0^m0 \quad D = 0^p20 \quad d = 0^p00$$

Min.	Gr.	E	$B-R$	
2428694.469	15^m2:	− 493	+0.031	A
9022.558	[15.2	170	−0.036	A
9077.453	[15.2	116	−0.003	A
9194.308	[15.2	− 1	+0.016	A
9195.277	15.6:	0	−0.031	GA
9515.328	15.8	+ 315	−0.008	GA
9777.455	15.8	573	0.000	GA
9839.421	15.4	634	−0.008	A
2436452.365	15.2	+ 7143	+0.033	A

GA = 400 mm-Astrograph A = 170 mm-Triplet

Für diesen bereits von VAN DE VOORDE (VSS 1, Nr. 3) bearbeiteten Stern ergaben sich unter Zuhilfenahme von Tripletplatten des Nachbarfeldes γ Aql die obigen Elemente. Auf den Platten des 170 mm-Triplets ist (infolge der langen Belichtungszeiten) die Amplitude nur etwa halb so groß. Schwierigkeiten bei der Ableitung der Elemente bildete die Überbrückung der Epochendifferenz $E = 634$ bis $E = 7143$. Unter der Voraussetzung, daß sich die geringe Schwächung bei 2436452.365 nicht auf dem aufsteigenden, sondern auf dem absteigenden Ast befindet, ergaben sich die Elemente

$$m = 2429195.290 + 1.01598 \cdot E\,,$$

doch werden dann die (B—R)-Werte etwas größer, so daß die obigen Elemente wahrscheinlich besser sind.

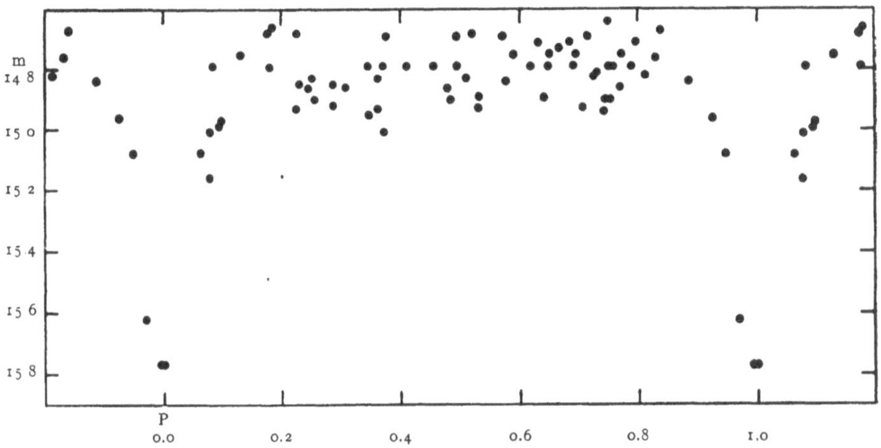

V 755 Aquilae; 400 mm-Astrograph

1879. **CP Sge** Algol-Stern; 13^m2—14^m3

$m_1 = 2427592.451 + 3.501655 \cdot E$

$A_1 = 1^m1 \quad A_2 = 0^m1 \quad D = 0^P10 \quad d = 0^P00$

Min.	Gr.	E	B—R
2427592.469	14^m3:	0	+0.018
9777.455	14.1	624	—0.029

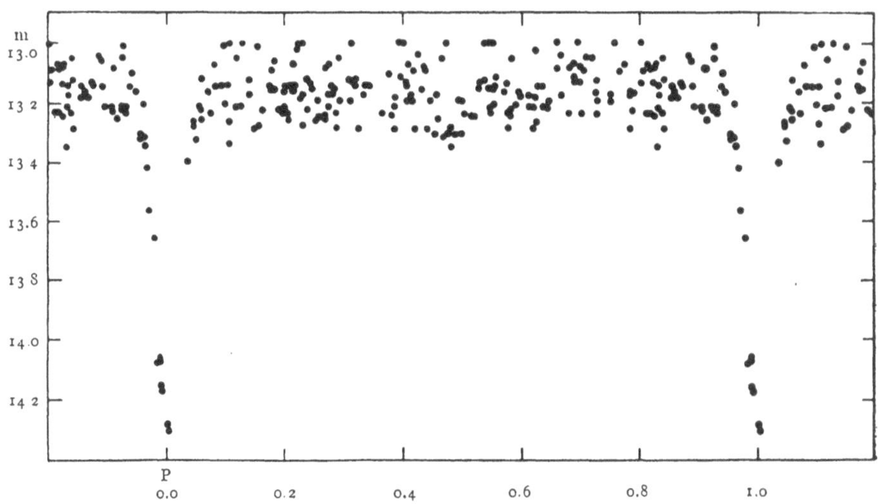

CP Sagittae

Min.	Gr.	E	$B—R$
2430614.354	14^m2	863	—0.025
4133.561	14.2	1868	+0.018
4455.641	14.1:	1960	—0.054
5243.539	14.1:	2185	—0.028
6073.444	14.2	2422	—0.015

Dieser Stern wurde bereits von VAN DE VOORDE bearbeitet (VSS 1, Nr. 3). Durch Zuhilfenahme zahlreicher Platten vom 140 mm-Tessar konnten nunmehr die Elemente ermittelt werden. Das Überwiegen negativer $B—R$ ist darauf zurückzuführen, daß von den Minima offenbar hauptsächlich die Abstiege beobachtet wurden.

Feld ζ Hydrae

G. RICHTER

3408. 110.1936 Hya RR Lyrae-Stern; $12^m05—13^m7$

$M = 2426032.409 + 0.505930 \cdot E$

$M—m = 0^d12$ Typus: RRb

Max.	Gr.	E	$B—R$
2425248.705	12^m4	− 1549	—0.018
6032.436	12.4	0	+0.027
6033.442	12.4:	+ 2	+0.021
7102.453	12.5	2115	+0.002
8250.385	12.4	+ 4384	—0.021

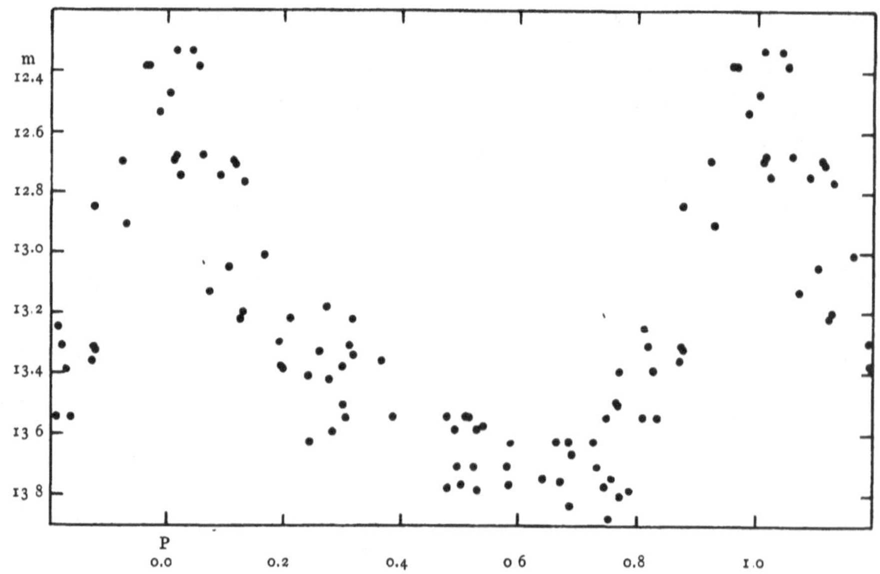

110.1936 Hydrae; 170 mm-Triplet

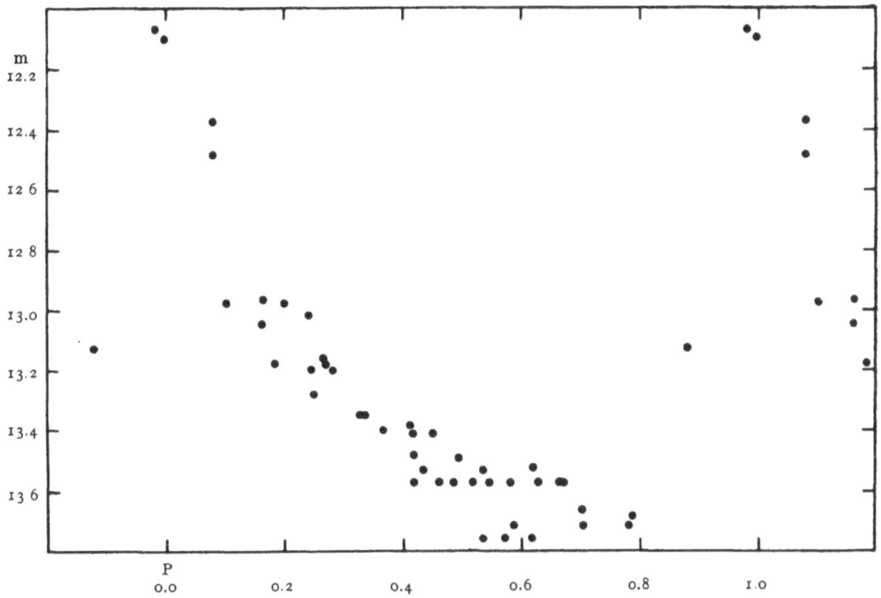

110.1936 Hydrae; 400 mm-Astrograph

Max.	Gr.	*E*	*B—R*	
2430052.518	$12^m.0$	+ 7946	—0.011	GA, R
0073.270	12.1	7987	—0.002	GA, R
0077.325	12.1	7995	+0.006	GA, R
5821.656	12.4:	+19349	+0.007	

GA = 400 mm-Vierlinser, sonst 170 mm-Triplet

R = aus Reihenbeobachtungen abgeleitet.

Die starke Streuung in den einen größeren Zeitraum umfassenden Aufnahmen des 170 mm-Triplets deuten auf Unregelmäßigkeiten im Lichtwechsel hin. Auf den Platten des 170 mm-Triplets schwankt die Helligkeit zwischen $12^m.4$ und $13^m.75$.

3409. **CR Hya** RR Lyrae-Stern; 13^m4—15^m0

Die von VAN SCHEWICK (Erg. AN 11) abgeleiteten Elemente konnten bestätigt werden:

$$M = 2430372.500 + 0.469415 \cdot E$$

$$M{-}m = 0^d17: \quad \text{Typus: RRb}$$

Max.	Gr.	*E*	*B—R*
2425298.577	$13^m.9$	—10809	—0.016
5323.475	13.7	10756	+0.003
5620.612	13.6	10123	0.000
6414.391	13.9	8432	—0.002
7158.368	13.8:	6847	—0.047
7424.590	13.6	6280	+0.016
8497.689	13.8	— 3994	+0.033

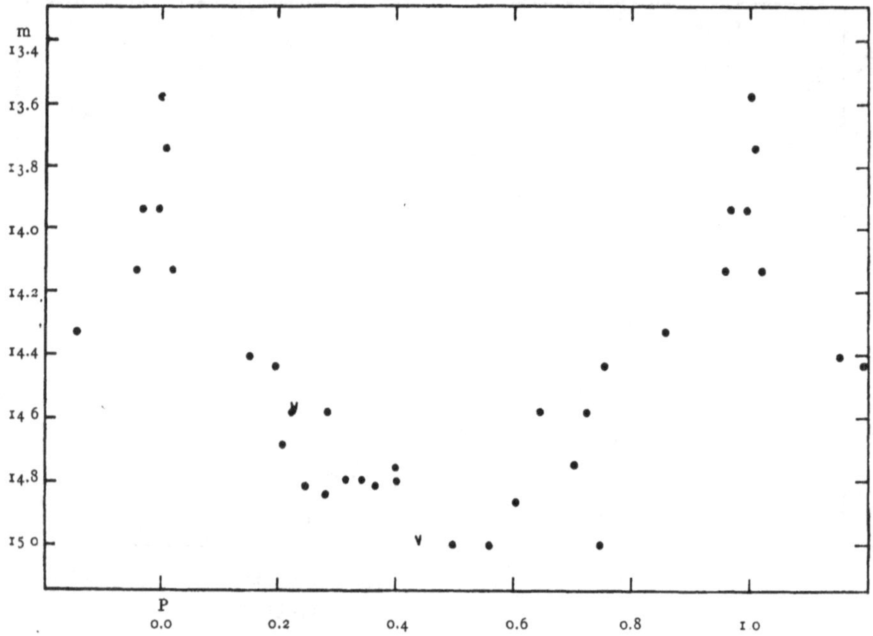

CR Hydrae; 170 mm-Triplet (2425245—2426416)

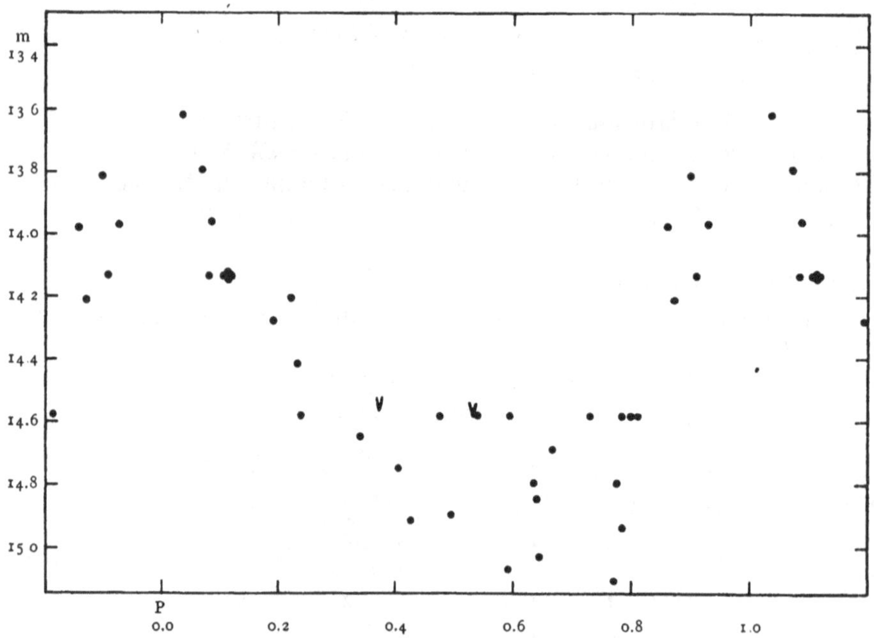

CR Hydrae; 170 mm-Triplet (242 6665—1428978)

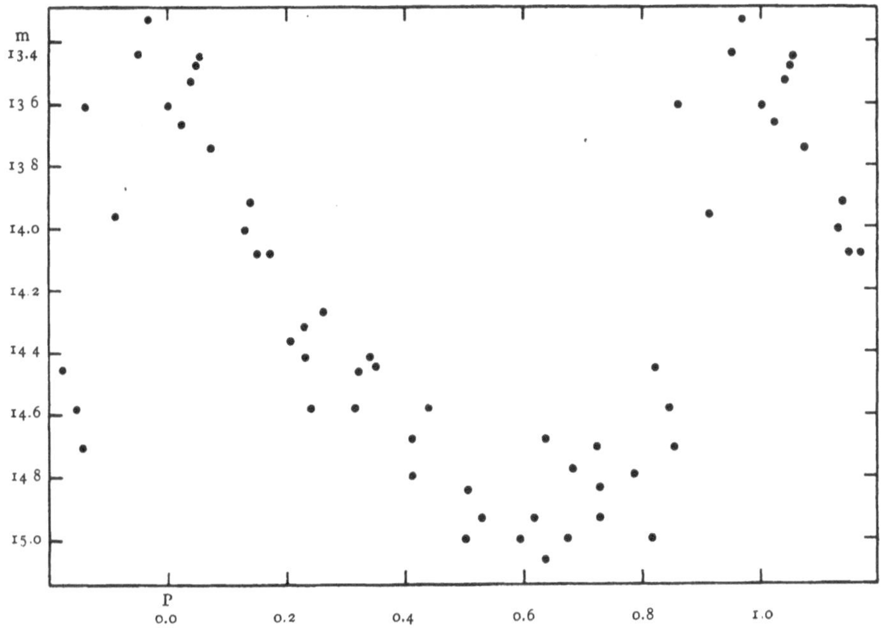

CR Hydrae; 400 mm-Astrograph

Max.	Gr.		E	$B—R$	
2430052.330	$13^{m}_{.}4$	—	682	—0.029	R
0073.480	13.6		637	—0.003	R
0346.693	13.7	—	55	+0.011	
0372.485	13.3		0	—0.015	R
0374.385	13.4	+	4	+0.007	R

R = Reihenbeobachtungen

Die starke Streuung in der Lichtkurve deutet auf Unregelmäßigkeiten im Lichtwechsel hin.

3410. **UW Hya** Algol-Stern; $13^{m}_{.}3—13^{m}_{.}95$

van Schewick (MVS 14) leitete die Elemente

$$m = 2430077.318 + 3.1662915 \cdot E$$

ab. Die verbesserten Elemente auf Grund eines Minimums neueren Datums lauten:

$$m_1 = 2430077.344 + 3.166316 \cdot E_1$$
$$A_1 = 0^{m}_{.}65 \quad A_2 = 0^{m}_{.}5: \quad D = 0^{p}_{.}07 \quad d = 0^{p}_{.}00$$

Mit diesen Elementen wurde die Lichtkurve gezeichnet. Sie zeigt, daß infolge eines außergewöhnlichen Zufalls in der Nähe der Phase $0^{p}_{.}33$ und $0^{p}_{.}67$ keine Beobachtungen liegen, mit Ausnahme von zwei guten Schwächungen bei der Phase $0^{p}_{.}64$. Diese lassen zwei Alternativen zu: Entweder liegt nahe der Phase 0ᵖ64 ein sehr exzentrisches Nebenminimum, oder die oben angegebene Periode muß durch drei geteilt werden. Die Elemente lauten dann:

$m = 2430077.344 + 1.055439 \cdot E_2$

$A_1 = 0^m65 \quad A_2 = 0^m00 \quad D = 0^p21 \quad d = 0^p00$

Min.	Gr.	E_1	E_2	$B—R$
2425248.705	13^m9	—1525	—4575	—0.007
5302.536	14.0	1508	4524	—0.003
6692.584	13.8:	1069	3207	+0.032
8250.385	13.9	577	1731	+0.005
8956.468	14.1:	— 354	—1062	0.000
2430077.318	13.9	0	0	—0.026
0349.646	13.9	+ 86	+ 258	—0.001
5868.572	13.8	+1829	+5487	+0.036

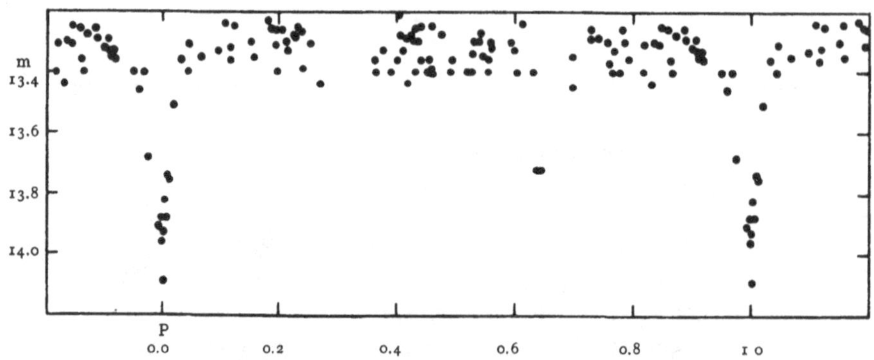

UW Hydrae

3411. **P 3215 Hya** Unveränderlich; 10^m7

Der von SOLOWJEW vermutete RR Lyrae- oder δ Cephei-Lichtwechsel (VS 52, 114 und Tadjik Circ. 16) konnte nicht bestätigt werden. SCHACHOWSKOJ (AZ 165.14) hat ebenfalls keinen Lichtwechsel nachweisen können.

3412. 340.1934 **Hya** Algol-Stern; $11^m0—11^m7$

$m = 2425248.785 + 12.18528 \cdot E$

$A_1 = 0^m7 \quad A_2 = 0^m0 \quad D = 0^p06 \quad d \leqq 0^p01$

Min.	Gr.	E	$B—R$
2425248.705	11^m5	0	—0.080
5943.524	11.4	57	+0.178
6686.587	11.6	118	—0.061
6735.414	11.7	122	+0.025
8246.397	11.4:	246	+0.033
8453.656	[11.2	263	+0.142
9696.315	11.7	365	—0.097
9696.502	11.5:	365	+0.090

Min.	Gr.	E	$B-R$
2430025.535	$11^m.5$:	392	+0.120
0817.426	11.5:	457	—0.032
3656.551	11.5	690	—0.077
5216.365	11.5:	818	+0.021
5874.454	11.4	872	+0.105
5874.486	11.4	872	+0.137
6227.538	11.7:	901	—0.184
6288.434	11.5:	906	—0.215
6556.575	11.4	928	—0.150
6556.604	11.6	928	—0.121
6605.438	11.5:	932	—0.028
6605.476	11.4	932	+0.010
6605.480	11.5	932	+0.014
6605.520	11.6:	932	+0.054

Es liegen 953 Schätzungen auf Felderplan- und Überwachungsplatten vor, und es wurden insgesamt nur 22 Minima gefunden. Für die Zeichnung der Lichtkurve wurden die sehr randnahen Beobachtungen ausgeschlossen.

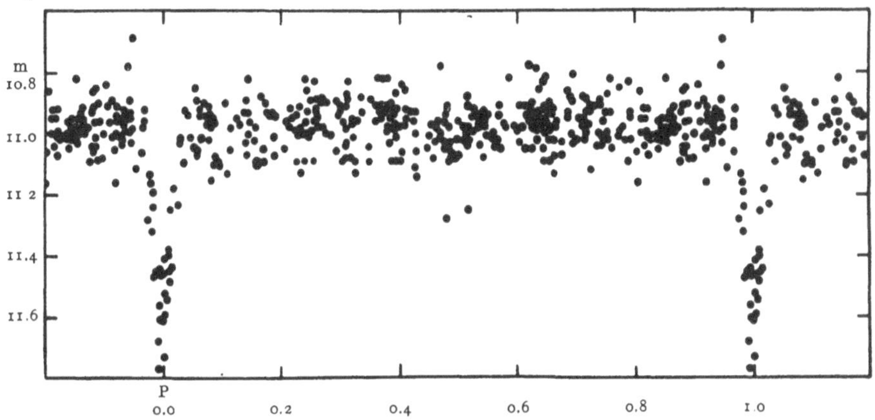

340.1934 Hydrae

3413. **CS Hya** Halbregelmäßig; $12^m.7$—$13^m.9$:

$M = 2426025 + 174.5 \cdot E$

Max.	Gr.	E	$B-R$
2425302	$12^m.7$	— 4	—25
5680:	12.8	— 2	+ 4:
5994	12.8	0	—31
6368:	12.8:	+ 2	— 6:
6713	12.8	4	—10
7104	12.8	6	+32
7450	13.0	8	+29
8507:	12.7	14	+39:
8995::	12.8:	+17	+ 3::

Max.	Gr.	E	$B—R$
2430020:	12^m8:	+ 23	—18:
3702:	12.7:	+ 44	— 1:

Nach VAN SCHEWICK (Erg. AN 11) sind die Elemente

$$M = 2426006 + 359 \cdot E.$$

Seine Periode muß nahezu halbiert werden.

Der Veränderliche ist vermutlich vom V Ursae Minoris-Typ. Die Kurvenform ist starken Schwankungen unterworfen. Es kommen sowohl sehr spitze als auch sehr flache Maxima vor. Die Amplitude der einzelnen Wellen schwankt etwa zwischen 0^m5 und 1^m2. Auf den beiden Blättern vom Mt. Palomar Sky Atlas beträgt der Helligkeitsunterschied etwa 2^m5.

3414. **EY Hya** Halbregelmäßig; $9^m6—11^m5$

$$M = 2432707 + 160.5 \cdot E\ (E < 0)$$
$$2432707 + 182.7 \cdot E\ (E > 0)$$

Max.	Gr.	E	$B—R$	
2426120:	]10^m6	—41	— 6	
6440	10.0	39	— 8	
6743	10.1	37	—25	
7893	10.3	30	+ 1	
8230	10.2	28	+17	
9666	10.1	19	+ 8	
2430780	9.6	—12	— 1	
2910:	10.1:	+ 1	+20	
3280:	10.5:	3	+25	
3780	10.5	6	—23	
3970	10.7	7	—16	
4140:	10.5	8	—29	Nur Anstieg beobachtet
5235:	10.0:	14	—30	
5475	10.3	15	+27	
6180	10.8	+19	+ 2	

Es wurden zahlreiche Platten der Himmelsüberwachung mit verwendet, so daß insgesamt 514 Einzelbeobachtungen vorliegen. Wie bei RV Tauri-Sternen wechseln meist flache und tiefe Minima ab, doch ist der Lichtwechsel stärker gestört als bei diesen. Zeitweise fallen die Maxima aus (E = —35, —33, —32, +5 und +13). An deren Stelle befindet sich ein besonders breites Minimum. Der Lichtwechsel hat Ähnlichkeit mit dem von UU Herculis.

Zeitintervall	Lichtwechselbereich	Amplitude der Einzelwellen
2425620—2430100	$10^m0—11^m5$	$1^m0—1^m2$[1])
2430320—2430850	9.6—10.7	0.4—1.0
2431000—2434860	10.1—11.2	0.2—0.7
2435050—2436660	10.0—11.5	0.4—0.8

[1]) Zeitweise vielleicht wesentlich kleiner.

Sandig [AN 275, 40 (1944)] gibt auf Grund von 36 Platten langsame Veränderlichkeit, wahrscheinlich irregulär, zwischen 9^m8 und 12^m0 an. Auf den beiden Blättern des Mt. Palomar Sky Atlas beträgt die Helligkeitsdifferenz reichlich 2^m.

3415. **112.1936 Hya** Algol-Stern; 13^m2—13^m8

$$m_1 = 2425646.517 + 2.2495444 \cdot E$$

$A_1 = 0^m6 \quad A_2 = 0^m4 \quad D = 0^d08 \quad d = 0^d00$

Min.	Gr.	E	$B—R$
2425620.617	13^m6	— 11.5	—0.030
5646.550	13.7	0	+0.033
5981.688	13.5:	+ 149	—0.011
6393.409	13.5:	332	+0.043
6665.582	13.7:	453	+0.021
6692.589	13.6	465	+0.034
6745.426	13.5:	488.5	+0.007
6763.363	13.5	496.5	—0.053
7124.453	13.8	657	—0.015
7159.368	13.6	672.5	+0.032
8250.388	13.5:	1157.5	+0.023
8496.677	13.8	1267	—0.013
8963.425	13.5	1474.5	—0.045
2430072.474	13.5	1967.5	—0.022
5868.441:	13.8:	+4544	—0.006

Die starke Streuung im Hauptminimum ist möglicherweise durch Unregelmäßigkeiten im Lichtwechsel zu erklären.

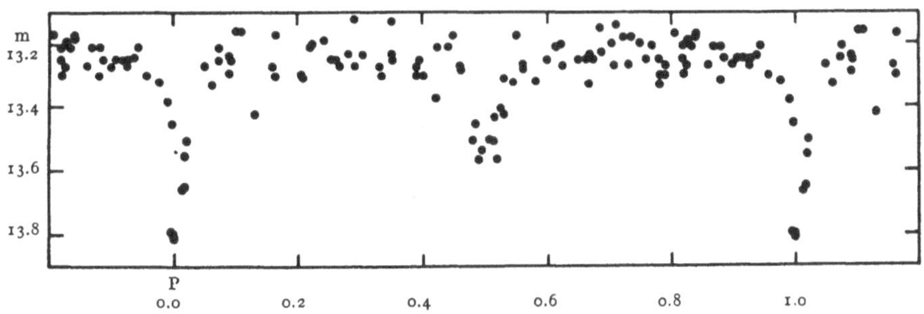

112.1936 Hydrae

3416. **UW Cnc** μ Cephei-Stern; 12^m9—13^m9

Der sehr lebhafte Lichtwechsel verläuft völlig regellos. Oftmals überstreicht eine Welle die gesamte Amplitude. Die Länge der Wellen beträgt einige Wochen bis mehrere 100 Tage. Gelegentlich scheinen kurze Helligkeitsausbrüche oder -abschwächungen von vier bis fünf Zehntel Größenklassen und einer Dauer von wenigen Tagen vorhanden zu sein. Stillstände von mehr als 60 Tagen wurden nicht beobachtet. Der rote Stern ist auf den schwach orthochromatischen Kranz-Ultra-Platten um etwa 0^m4, auf den orthochromatischen Kranz I-Platten um etwa 0^m7 heller als auf gewöhnlichem Plattenmaterial. Auf den beiden Blättern des Mt. Palomar Sky Atlas beträgt der Helligkeitsunterschied etwa 2^m.

3417. **CT Hya** U Geminorum-Stern; $14^m.1$—20^m:

$M = 2425663 + 151.7 \cdot E$

Max.	Gr.	E	$B—R$	Anm.
2425646.5	$14^m.3$	0	—16	
5647.5	14.5:			
5649.5	15.2:			
2426414.4	14.3:			
6416.3	14.2:	5	— 5	1
2427046.6	14.2:	9	+18	
2427483.4	14.2	12	0	
2428250.4	14.1	17	+ 9	2
2430372.4	14.3	31	+ 6	3
0372.5	14.4			
0372.6	14.3			
2435821.7	14.1:	67	— 5	

Anm.: 1 2426409.3, [15^m1

2 2428245.5, [15.4

3 2430374.4, [15.7

Die Aufhellungen sind selten, ihre Dauer beträgt anscheinend nur wenige Tage. Auf dem vorhandenen Plattenmaterial liegt die Helligkeit im Minimum [16^m5. Auf der Blauaufnahme vom Mt. Palomar Atlas liegt an der Stelle des Veränderlichen nur ein Stern $\approx 20^m$, der auf der Rotaufnahme $\approx 21^m$ ist. Die Amplitude beträgt somit mindestens 6 Größenklassen. Nach M. Petit (J.O. 43, 19 und J.O. 43, 36) gehört der Veränderliche vermutlich zum Untertyp SU Ursae Minoris.

3418. **CV Hya** μ Cephei-Stern; $11^m.5$—13^m3

Es kommen völlig unperiodische Wellen von 40 bis über 100 Tagen Länge vor bei einer Amplitude von überwiegend 0^m5 bis 1^m. Dabei ereignen sich Helligkeitsänderungen bis zu 0^m5 in 20 Tagen. Längere Stillstände wurden nicht beobachtet. Die einzelnen Wellen schwanken um eine mittlere Helligkeit, die sehr langsamen Änderungen unterworfen ist (etwa 0^m5 bis 1^m in 500 bis 1000 Tagen). Der rote Stern ist auf den schwach orthochromatischen Kranz-Ultra-Platten etwa $0^m.2$, auf den stark orthochromatischen Kranz I-Platten etwa 0^m5 heller als auf den blauempfindlichen Matterplatten. Auf den beiden Blättern des Mt. Palomar Sky Atlas beträgt der Helligkeitsunterschied 3^m.

3419. **116.1936 Hya** RR Lyrae-Stern; $11^m.6$—12^m2

$M = 2425649.507 + 0.636437 \cdot E$

$M—m = 0^d.15$ Typus: RRb

Max.	Gr.	E	$B-R$	
2425649.548	11^m6	0	+0.041	
5702.358	11.7	83	+0.027	
5981.683	11.6	522	—0.044	
6687.504	11.6	1631	—0.032	
7927.378	11.7:	3579	+0.063	
8511.560	11.7:	4497	—0.004	
8954.468	11.5	5193	—0.056	
8977.365	11.7	5229	—0.071	
9640.560	11.7	6271	—0.043	
9691.527	11.5:	6351	+0.009	
9721.442	11.6	6398	+0.011	
2430052.387	11.6	6918	+0.009	R
0073.390	11.7	6951	+0.009	
0073.385	11.7	6951	+0.004	R
0103.345	11.6	6998	+0.052	R
0328.642	11.7	7352	+0.050	
0349.646	11.7	7385	+0.052	
0372.513	11.6	7421	+0.007	R
0374.393	11.6	7424	—0.022	R
0787.417	11.7	8073	—0.046	
0794.465	11.7	8084	+0.001	

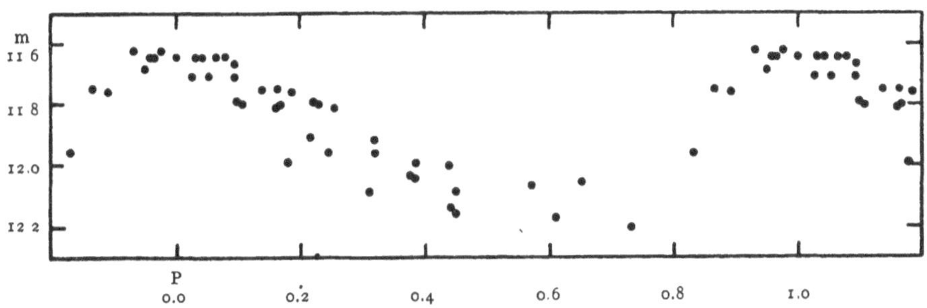

116.1936 Hydrae; 400 mm-Astrograph

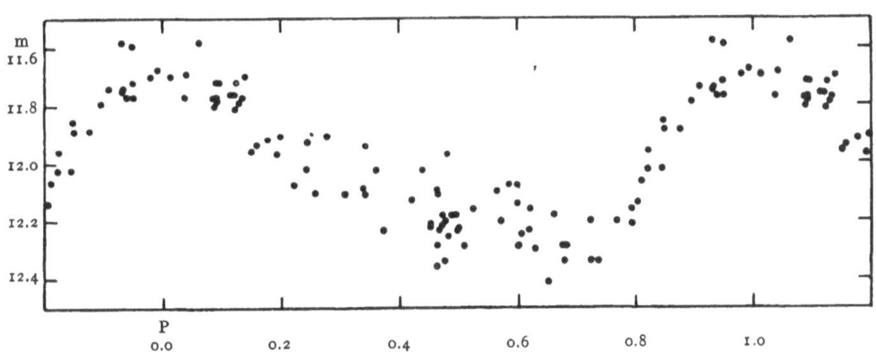

116.1936 Hydrae; 170 mm-Triplet

Max.	Gr.	E	$B—R$
2431028.663	11^m6:	8452	—0.010
2912.555	11.6:	11412	+0.029
5821.656	11.6	15983	—0.024

R = aus Reihenaufnahmen abgeleitet.

Zur Ableitung der Lichtwechselelemente wurde eine größere Anzahl Überwachungsplatten mit herangezogen.

3420. **CW Hya** RR Lyrae-Stern; 14^m1—15^m3

Es wurden folgende Aufhellungen beobachtet:

Max.	Gr.	
2425981.683	14^m2:	
5984.569	14.2	
6037.432	14.2	
6686.587	14.2	
7424.590	14.2	
2430072.240	14.1	R
0372.649	14.1	R
0374.558	14.0	R
3630.604	14.2	

R = aus Reihenaufnahmen abgeleitet.

Die Aufhellungen lassen sich befriedigend durch die Perioden 0.3182274; 0.3185328; 0.479828 und 0.4805213 darstellen, doch treten hierbei Widersprüche mit schwachen Beobachtungen auf.

Nach van Schewick gelten folgende Elemente (Erg. AN 11 Nr. 1):

$$M = 2430374.570 + 0.4820734 \cdot E$$

Typus: RRa

Mit diesen Elementen läßt sich aber nur für die Aufnahmen vom 400 mm-Astrographen eine Lichtkurve ableiten (siehe Abbildung), bei welcher $M—m$ = 0^d08 ist. Den Beobachtungen vom 170 mm-Triplet genügt die Periode in keiner Weise! Es liegt daher die Vermutung nahe, daß die Periode stark veränderlich ist und die von van Schewick angegebenen Elemente nur für den Zeitraum gültig sind, aus dem die Beobachtungen mit dem 400 mm-Vierlinser stammen (2428954 bis 2430374):

Max.	Gr.	E	$B—R$
2430072.240:	14^m1	—627	—0.070:
0372.649	14.1	— 4	+0.007
0374.558	14.0	0	—0.012

Zu anderen Zeiten galten wahrscheinlich andere Perioden, die jedoch nicht ermittelt werden konnten.

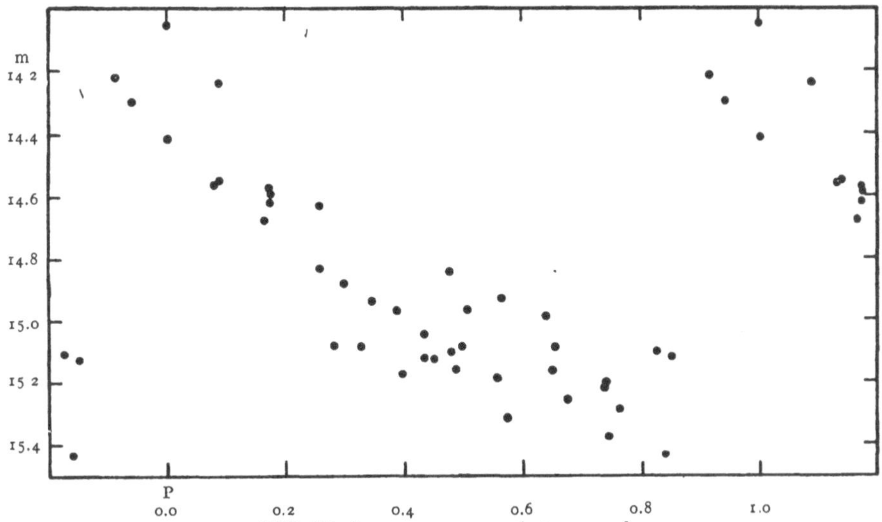

CW Hydrae; 400 mm-Astrograph

3421. 300.1928 Cnc Algol-Stern; $13^{m}35$—$14^{m}6$

$m_1 = 2425647.539 + 1.91322 \cdot E$

$A_1 = 1^{m}25 \quad A_2 = 0^{m}05 \quad D = 0^{p}13 \quad d = 0^{p}00$

Min.	Gr.	E	$B—R$	
2425272.589	$14^{m}3$	— 196	+0.041	Anstieg
5647.539	14.7	0	0.000	
5649.548	13.8	+ 1	+0.096	Anstieg
6003.447	14.3	186	+0.049	Anstieg
6068.366	13.8	220	—0.081	Abstieg
6707.420	14.2:	554	—0.043	Abstieg
6751.398	14.1:	577	—0.069	Abstieg
8978.376	13.9:	1741	—0.079	Abstieg
2430103.439	14.6	+2329	+0.011	

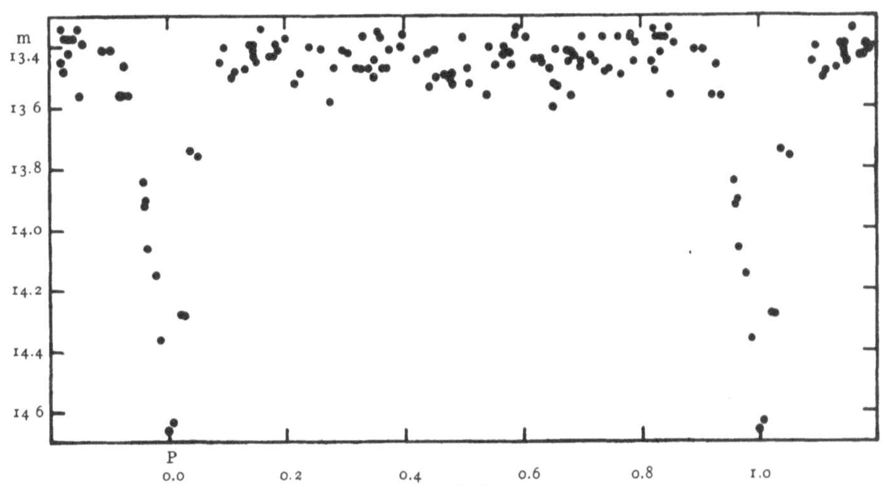

300. 1928 Cancri

3422. UY Hya W Ursae Maioris-Stern ?; $13^m.3$—$13^m.8$

$m_1 = 2425984.597 + 0.727500 \cdot E$

$A_1 = A_2 = 0^m.5$

Min.	Gr.	E	$B—R$	
2425984.569	13^m8	0	—0.028	
6396.348	13.8	566	—0.014	
6717.522	13.9	1007.5	—0.031	
6744.447	13.9	1044.5	—0.024	
6751.398	13.8	1054	+0.017	
7102.453	13.8	1536.5	+0.052	
7157.349	13.9	1612	+0.022	
8226.375	13.8	3081.5	—0.013	
8250.385	13.9	3114.5	—0.011	
8546.526	13.9	3521.5	+0.038	
8956.468	13.8	4085	+0.034	
2430052.400	13.8	5591.5	—0.013	R
0072.405	13.8	5619	—0.015	R
0073.495	13.8	5620.5	—0.016	R
0103.345	13.8	5661.5	+0.007	R
0104.425	13.8	5663	—0.005	R
0346.693	13.8	5996	+0.006	
0349.646	13.8	6000	+0.049	
0372.500	13.8	6031.5	—0.013	R
0374.683	13.8	6034.5	—0.013	R

R = aus Reihenbeobachtungen abgeleitet.

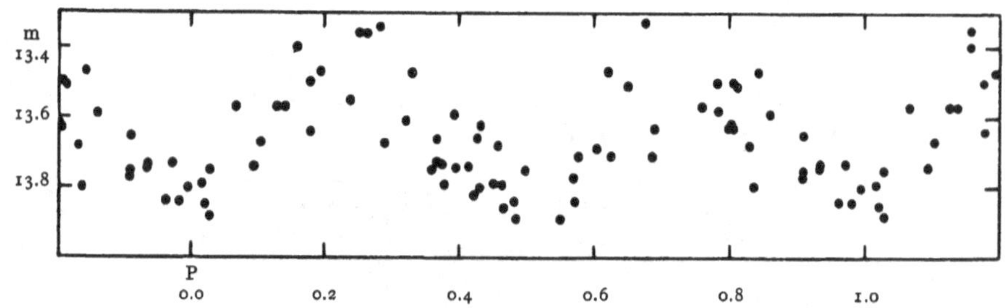

UY Hydrae; 170 mm-Triplet

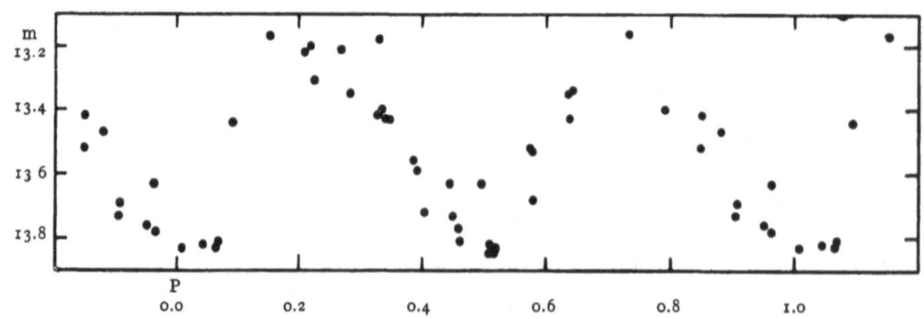

UY Hydrae; 400 mm-Astrograph

Eine sichere Entscheidung zwischen W UMa- und RRc-Typus ist nicht möglich. Die Minima sind nur wenig besser ausgeprägt als die Maxima, die Amplitude ist auf den schwach orthochromatischen Kranz-Ultra-Platten um reichlich 0^m1 kleiner als auf Matterplatten. Die Lichtkurve zeigt eine starke, offenbar reelle Streuung, besonders in der Nähe der Maxima.

3423. **UX Cnc** UV Bootis-Stern; 12^m1—12^m6

Über den sehr unregelmäßigen Lichtwechsel läßt sich infolge der geringen Amplitude wenig aussagen. Es kommen sowohl langsame (0^m1 in 100 Tagen) als auch raschere (0^m4 in 17 Tagen) Helligkeitsänderungen vor. Stillstände von mehr als 80 Tagen (hauptsächlich im hellen und mittleren Licht) wurden nicht beobachtet. Die größeren Helligkeiten werden vor den geringeren bevorzugt. Der Veränderliche ist auf allen vorhandenen Plattensorten etwa gleich hell. Auf der Rotaufnahme des Mt. Palomar Sky Atlas ist der Veränderliche nur knapp 0^m5 heller als auf der Blauaufnahme.

3424. **CX Hya** Halbregelmäßig; 13^m1—14^m3

$M = 2425950 + 188 \cdot E$

Max.	Gr.	E	$B-R$
2425980	13^m1	0	+30
6360:	13.5	2	+34
6675:	13.3	4	—27
7030:	13.2:	6	—48
7420	13.1	8	—34
8590::	?	14	+ 8
8940:	13.2:	16	—18
2430085	13.4	22	— 1

Es treten nur geradzahlige Epochenzahlen auf, was prinzipiell eine doppelte Periode zuläßt. Vermutlich ist jedoch die Periode 188^d richtig. Es kommen spitze und flache Maxima vor. Die berechneten Maxima liegen z. T. beträchtlich neben den beobachteten. Wahrscheinlich gehört der Stern zum V Ursae Minoris-Typ. Die beiden Blätter vom Mt. Palomar Sky Atlas zeigen einen Helligkeitsunterschied von etwa 3^m.

3425. **120.1936 Cnc** RR Lyrae-Stern; 13^m3—14^m9

$M = 2425981.629 + 0.532955 \cdot E$

$M-m = 0^d22$ Typus: RRb

Max.	Gr.	E	$B-R$
2425981.683	14^m0	0	+0.054
6003.447	14.0	41	—0.033
6391.462	13.7:	769	—0.009
6692.584	13.9	1334	—0.007
7102.453	13.9:	2103	+0.020
7158.368	14.0:	2208	—0.026
7459.542	14.0:	2773	+0.029
7529.320	13.9	2904	—0.010

Max.	Gr.	E	$B—R$	
2430052.371	$13^{m}.7$	7638	+0.032	GA, R
0077.398	13.3	7685	+0.010	GA, R
0102.407	13.8	7732	—0.030	GA
0103.520	13.4:	7734	+0.017	GA
0372.630	13.4:	8239	—0.015	GA, R
3630.604	13.7	14352	+0.005	
3653.493	14.0	14395	—0.023	

GA = 400 mm-Astrograph, sonst 170 mm-Triplet.
R = aus Reihenaufnahmen abgeleitet.

Die Reihenaufnahmen zeigen deutlich, daß das Maximum $E = 7638$ um 0.03 Tage zu spät eintraf und um $0^{m}4$ zu flach war. Auch die Lichtkurve zeigt in der Nähe des Maximums übernormale Streuung.

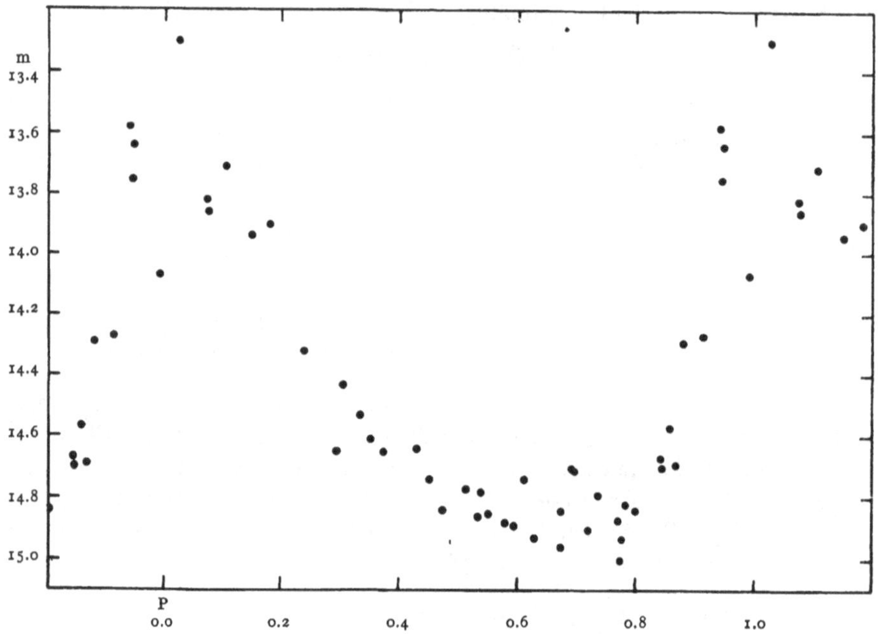

120.1936 Cancri; 400 mm-Astrograph

Feld A Cassiopeiae

Nachbearbeitung von 3 Sternen

G. Richter

127. **AL Cas** W Ursae Maioris-Stern; $12^{m}9—13^{m}6$
$m_1 = 2425303.561 + 0.5005562 \cdot E$
$A_1 = A_2 = 0^{m}7$

Photographische Beobachtungen

Min.	Gr.	*E*	*B—R*
2425301.533	13^m4	— 4	—0.027
5303.555	13.6	0	—0.007
5374.381	13.7	+ 141.5	—0.010
5681.495	13.4	755	+0.013
5687.516	13.4	767	+0.027
5712.497	13.6	817	—0.019
6747.663	13.5	2885	—0.004
6767.453	13.4	2924.5	+0.014
6771.443	13.4	2932.5	0.000
8373.454	13.6:	6133	—0.019
8542.688	13.6:	6471	+0.027
8626.520	13.5:	6638.5	+0.016
9216.420	13.4:	7817	+0.010
9231.435	13.5:	7847	+0.007
2432173.416	13.4:	13724.5	—0.030
3023.396	13.6:	15422.5	+0.006
3330.497	13.6:	+16036	+0.016

Visuelle Reihenbeobachtungen

Min.		*E*	*B—R*
2436686.476	± 0.010	22740.5	+0.016
6700.477	5	22768.5	+0.001
6895.448	3	23158	+0.006
6896.442	5	23160	—0.002
6899.204	10	23165.5	+0.007
6904.450	5	23176	—0.002

Außer den photographischen liegen 249 visuelle Beobachtungen vor.

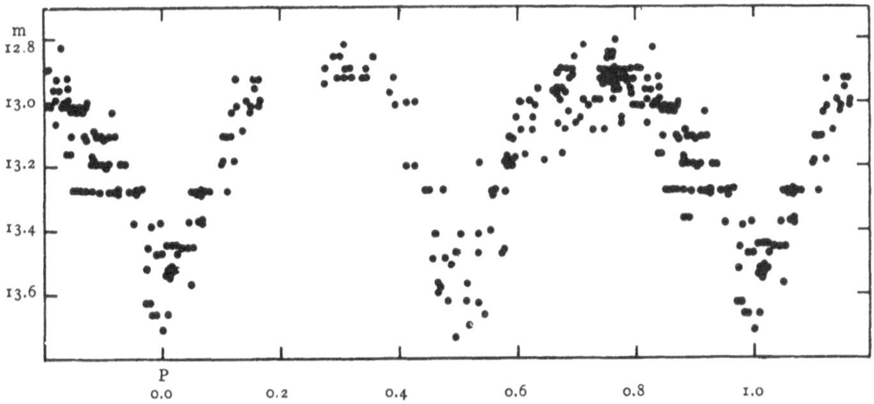

AL Cassiopeiae (vis. Beob.)

128. **AM Cas** δ Cephei-ähnlich; $12^m_.3$—$15^m_.2$

Der Lichtwechsel ist gekennzeichnet durch Wellen, deren Länge fast immer 9 bis 10 Tage beträgt (Extremfälle: 7.3 und 11.4 Tage). Die Amplitude beträgt in der Regel 1^m6 bis 2^m4 (Extremfälle: $0^m_.7$ und $2^m_.7$), und es ereignen sich Helligkeitsänderungen bis zu $1^m_.8$ in 1.0 Tagen. Meist liegt der Helligkeitsbereich zwischen 12^m9 und $15^m_.2$, nur in einigen Fällen kommen größere Aufhellungen bis 12^m3 vor. Der Lichtwechsel ist stets über 4—10 Zyklen hinweg sehr regelmäßig, und größere Änderungen in bezug auf Periodenlänge, Amplitude und Kurvenform gehen, soweit beobachtet, allmählich (im Verlaufe von Monaten) vor sich. Daher lassen sich über begrenzte Zeiträume hinweg redu-

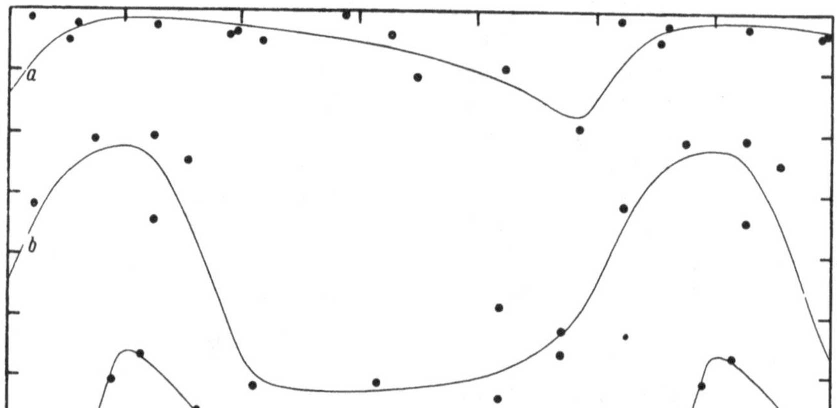

AM Cassiopeiae (phot. Beob.)

a 242 5272—5328 P = 7.33
b 242 5621—5653 P = 9.63
c 242 6386—6457 P = 9.27
d 242 6743—6771 P = 11.4

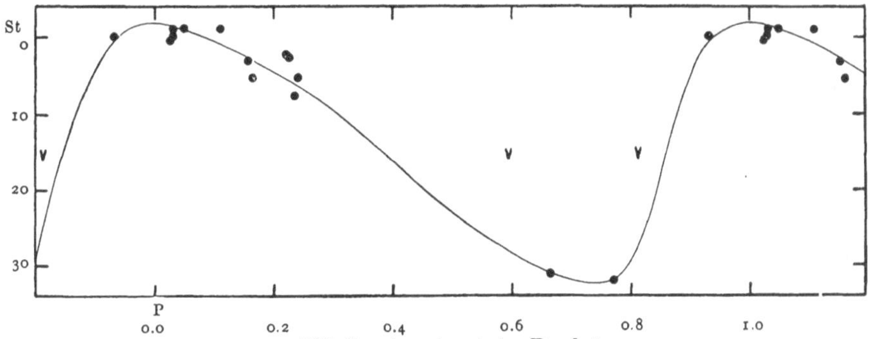

AM Cassiopeiae (vis. Beob.)
243 7026—7081 P = 9.4

zierte Lichtkurven zeichnen. Diese sind in ihrem Aussehen sehr mannigfaltig. Außer den photographischen liegen 196 visuelle Beobachtungen vor, die merklich schwächer sind als die photographischen. Der Stern ist auf der Rotaufnahme vom Mt. Palomar Sky Atlas etwa 0^m5 schwächer als auf der Blauaufnahme. Wahrscheinlich handelt es sich um einen CN Orionis-Stern mit sehr raschem Lichtwechsel. Möglicherweise ist der Stern mit EM Cygni verwandt und unter die novaähnlichen Veränderlichen einzureihen.

136. 5.1936 **Cas** β Lyrae-Stern; 13^m75—14^m6

I $m_1 = 2429640.390 + 4.54094 \cdot E \ (E < 0)$

II $m_1 = 2429640.390 + 4.54064 \cdot E \ (E > 0)$

	A_1	A_2
1928—1932	0^m7	0^m25
1935—1943	0.85	0.1

Min.	Gr.	E	$B—R$
2425326.546	14^m4	— 950	+0.049
5621.690	14.4	885	+0.032
5680.600	14.4:	872	—0.090
6770.450	14.6	632	—0.066
8246.488	14.6:	307	+0.167
8373.457	14.7:	279	—0.011
8423.592	14.4	268	+0.174
9163.585	14.6	105	—0.006
9363.351	14.5:	61	—0.042
9363.445	14.6	— 61	+0.052
9640.351	14.6	0	—0.039
9985.333	14.4	+ 76	—0.146
2430321.527	14.6:	150	+0.041°
0462.396	[14.0	181	+0.150
0734.683	14.5:	241	—0.001
0789.321	14.5:	253	+0.149
2882.441	[14.0	714	+0.034
3186.557	14.5:	781	—0.073
6896.250	14.6	+1598	—0.083

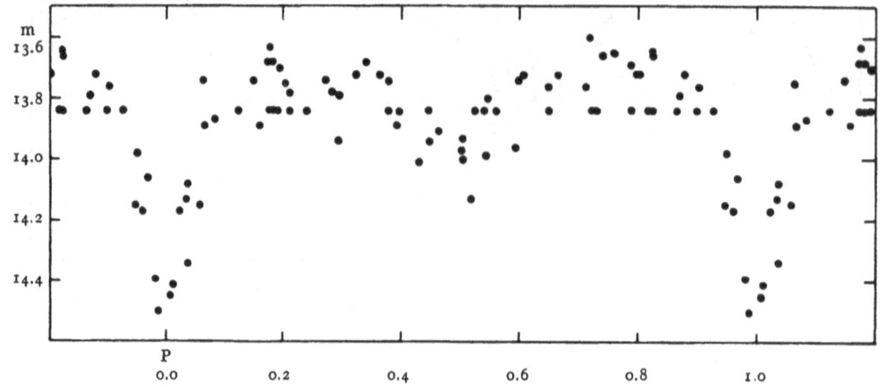

5.1936 Cassiopeiae; 170 mm-Triplet (1928—1932)

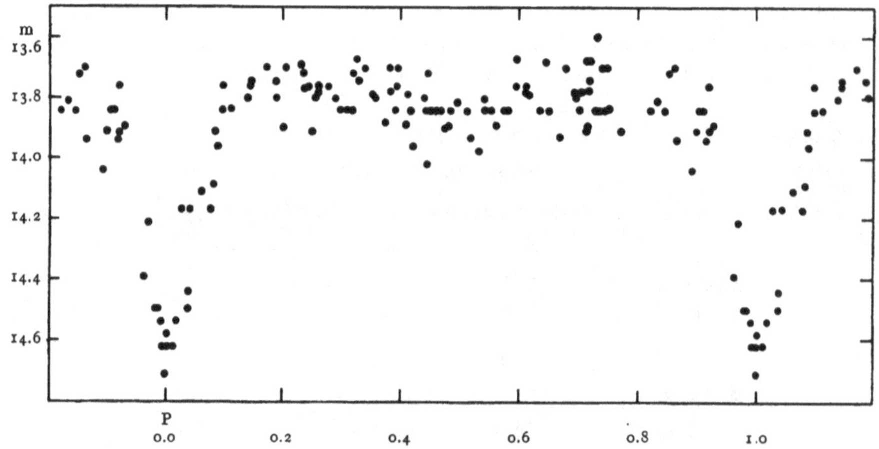

5.1936 Cassiopeiae; 140 mm-Triplet (1935—1943)

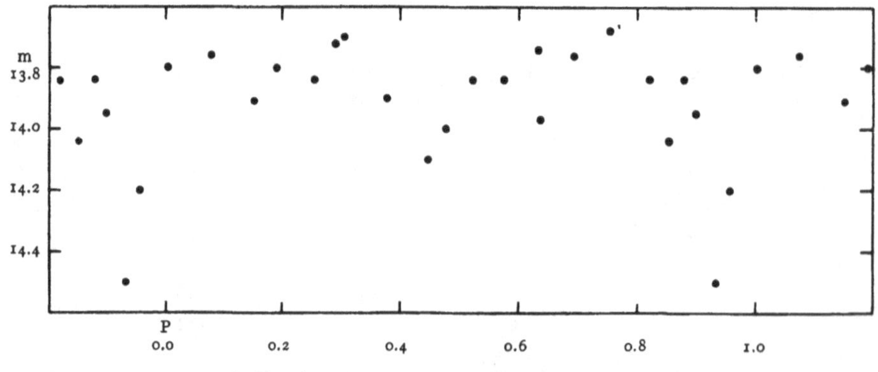

5.1936 Cassiopeiae; 140 mm-Triplet (1944—1958)

Außer den Platten vom 170 mm-Triplet wurden noch zahlreiche Aufnahmen von Nachbarfeldern vom 140 mm-Triplet mit verwendet.

Die drei abgebildeten Lichtkurven sind nur mit den Elementen I gerechnet worden. Sie zeigen deutlich die Veränderlichkeit von Amplitude und Periode. Während bei den ersten beiden Abbildungen (1928—1943) das Minimum genau bei der Phase $0\overset{p}{.}00$ liegt, liegt es bei der dritten Abbildung in der Nähe der Phase $0^{p}93$. Eine visuelle Beobachtungsreihe bei $E = +1598$, gerechnet nach den Elementen I, zeigt das Minimum bei der Phase $0\overset{p}{.}88$.

VERÖFFENTLICHUNGEN DER STERNWARTE BABELSBERG
DER DEUTSCHEN AKADEMIE DER WISSENSCHAFTEN ZU BERLIN

In dieser Schriftenreihe erschienen bisher:

Band XIII

1 HORST SCHMIDT: **Photographische Photometrie von Sternspektren mit dem Interferenzmikroskop**
1960. 48 Seiten — 56 Abbildungen — 10 Tabellen — 4° — DM 17,50 (vergriffen)

2 **Mikrometermessungen von Doppelsternen in den Jahren 1956—1958.** Bearbeitet von HORST PAUSCHER
1959. IV, 23 Seiten — 4° — DM 4,90 (vergriffen)

3 PETER NOTNI / HANS OLEAK: **Die Bewegung eines rotierenden zylinderförmigen Satelliten in der Atmosphäre**
2., unveränderte Auflage. 1960. 30 Seiten — 5 Abbildungen — 4° — DM 3,80

4 PETER NOTNI / HANS OLEAK: **Die Rotation der Trägerrakete von Sputnik III (1958** δ 1)
2., unveränderte Auflage. 1960. 26 Seiten — 4 Abbildungen — 5 Tabellen — 4° — DM 3,40

5 PETER NOTNI / HANS OLEAK: **Die Bewegung eines rotierenden zylinderförmigen Satelliten in der Atmosphäre.** Teil II
1960. 45 Seiten — 8 Abbildungen — 4° — DM 5,20

6 HANS-JOACHIM FELBER: **Die Bewegungsverhältnisse im Neptunsystem**
1960. 79 Seiten — 3 Abbildungen auf 3 Tafeln — 4° — DM 10,80

Bestellungen durch eine Buchhandlung erbeten

AKADEMIE-VERLAG · BERLIN

FSC
www.fsc.org
MIX
Papier | Fördert gute Waldnutzung
FSC® C083411

Zeitfracht Medien GmbH
Ferdinand-Jühlke-Straße 7
99095 Erfurt, Deutschland
produktsicherheit@kolibri360.de